高等院校数字媒体专业教材

移动端 UI 设计

朱颖博　编著

U0302895

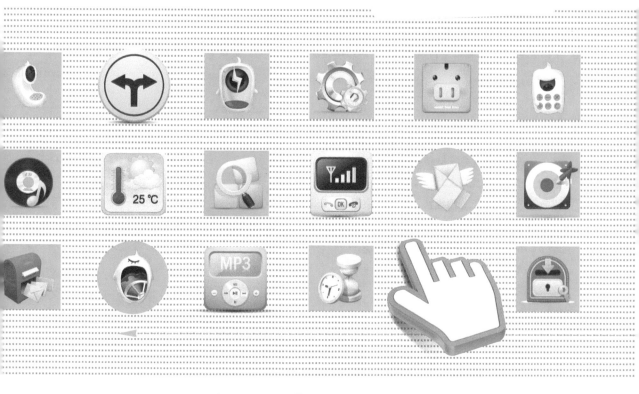

电子工业出版社

Publishing House of Electronics Industry

北京·BEIJING

内容简介

本书围绕 UI 设计师岗位能力要求，在认真分析职业岗位需求和学生认知规律的基础上全面规划和组织内容，合理安排教学单元的顺序。全书共分为 6 章，主要内容包括：移动端 UI 设计概述；移动产品设计流程与用户体验；UI 界面设计原则与规范；UI 设计艺术表现；UI 元素设计；UI 设计实战。本书包含了大量精美的界面元素、APP 应用界面视觉设计的案例，利用较详细的布局规划、创意思维、配色方案、组件分析等来对案例的创作思路进行阐述，向读者介绍移动 UI 视觉设计的创作技巧。

本书主要适用于高等学校移动互联应用技术专业和艺术设计相关专业的学生，也可作为移动终端 UI 设计人员的入门用书。为方便教学，本书提供电子课件等教学资源，请登录华信教育资源网（www.hxedu.com.cn）免费下载。

图书在版编目（CIP）数据

移动端UI设计 / 朱颖博编著. —北京：电子工业出版社，2017.10

ISBN 978-7-121-32075-0

Ⅰ.①移… Ⅱ.①朱… Ⅲ.①移动终端－应用程序－程序设计 Ⅳ.①TN929.53

中国版本图书馆CIP数据核字（2017）第154024号

策划编辑：左　雅

责任编辑：左　雅　　文字编辑：薛华强

印　　刷：北京虎彩文化传播有限公司

装　　订：北京虎彩文化传播有限公司

出版发行：电子工业出版社

　　　　　北京市海淀区万寿路173信箱　　邮编：100036

开　　本：787×1 092　　1/16　　印张：9.75　　字数：230.3千字

版　　次：2017年10月第1版

印　　次：2024年1月第9次印刷

定　　价：47.00元

凡所购买电子工业出版社图书有缺损问题，请向购买书店调换。若书店售缺，请与本社发行部联系，联系及邮购电话：(010) 88254888，88258888。

质量投诉请发邮件至 zlts@phei.com.cn，盗版侵权举报请发邮件至 dbqq@phei.com.cn。

本书咨询联系方式：(010) 88254580，zuoya@phei.com.cn。

Preface 前言

现如今，互联网与人们的生活高度融合，可以说人们的衣食住行都可以从互联网上获得。随着信息化进程的进一步加速，人们如今已然离不开方便快捷的移动互联网，与此同时，能满足用户各种需求的移动数字产品快速兴起。这些移动互联网产品都有这样一个共同特点：吸引用户眼球的界面、良好的用户体验设计、用于网络推广的活动页设计等。与之密切相关的 UI 设计师岗位应运而生，并日趋火热。

目前，我国很多院校的计算机相关专业和设计类专业，都逐步将 UI 设计作为一门重要的专业课程。笔者讲授 UI 设计相关课程已有多年经验，在出版本教材之前，也曾选用过多种教材，既选用过国外行业设计师的原著翻译版图书，也选用过一些其他相关教材。通过教学发现，大部分书籍并不完全适合于教学，原因之一是原著翻译存在理解上的问题。之前选用的其他 UI 设计的教材内容不够适用，主要是由于其在书中使用过多篇幅讲述图标图形制作过程，在内容上成为软件学习的教材。但 UI 设计教材不应该是介绍相关软件操作的教材，学生应该在掌握一定软件的基础上进行 UI 设计课程的学习。

作为 UI 设计师，不仅仅需要关注产品界面视觉设计，还应该了解 UI 发展的历史，从而能更好地把握设计的走向和趋势，同时，还需要了解行业中移动产品设计流程，以便工作时能更好地融入团队，快速进入角色。因此，笔者围绕行业内对 UI 设计师的岗位要求，并结合学生的学习认知规律，在多年教学实践的基础上经过研究、总结，编写了此书。

全书共分为 6 章，第 1 章 移动端 UI 设计概述，介绍移动媒体的基本概念、UI 设计的范畴以及 UI 设计的历史与现状；第 2 章 移动产品设计流程与用户体验，介绍当前行业中移动产品开发设计的流程，UI 设计阶段和分工，着重介绍用户体验以及在设计流程中的引入；第 3 章

UI 界面设计原则与规范，通过对设计原则和规范的介绍让学生能更好地把握设计的前提；第 4 章 UI 设计艺术表现，主要包含 UI 视觉设计流程、视觉风格要素、UI 设计风格与手法以及 UI 色彩设计知识；第 5 章 UI 元素设计，详细阐述图标设计和控件设计，让学生对 UI 局部设计有深入的学习；第 6 章 UI 设计实战，介绍一些实用的 UI 设计软件及常见操作，让自学读者能轻松快速上手，此外本章还为读者提供了一些设计资源。

本书的读者对象为泛艺术设计类专业、计算机专业的学生以及想从事移动终端 UI 设计的人员。根据读者的特点，以实际应用为出发点，围绕实例说明，书中选用大量精美的图例，使读者便于消化和理解。本书由北京邮电大学世纪学院朱颖博老师编著。为方便教学，本书提供电子课件等教学资源，请登录华信教育资源网（www.hxedu.com.cn）免费下载。

UI 设计作为一个新兴行业，发展变化日新月异。书中如有不足，请批评指正。如果本书能让广大初学者能够有所启发，这将令笔者备感欣慰。

朱颖博

Contents
目录

第 1 章 移动端 UI 设计概述

第 2 章 移动产品设计流程与用户体验

第 3 章 UI 界面设计原则与规范

第 ④ 章 UI 设计艺术表现

第 ⑤ 章 UI 元素设计

第 ⑥ 章 UI 设计实战

第①章　移动端 UI 设计概述

　　本章阐述了移动媒体的基本概念和移动端 UI 设计的范畴。通过对图形界面发展历史的介绍来展现 UI 设计的发展，介绍 UI 设计的三个研究方向，即用户研究、交互设计和界面设计，让读者了解的 UI 设计的现状。

移动媒体

移动媒体是指以移动数字终端为载体，通过无线数字技术与移动数字处理技术可以运行各种平台软件及相关应用，以文字、图片、视频等方式展示信息和提供信息处理功能的媒介。

微课：1.1（移动媒体）-1.2（UI设计）

当前，移动数字媒体的主要载体以智能手机及平板电脑为主（见图 1-1），随着信息技术的发展和通信网络的融合，一切能够借助移动通信网络沟通信息的个人信息处理终端都可以作为移动媒体的运用平台。如电子阅读器（见图 1-2）、移动影院、智能手表（见图 1-3）、记录仪等都可以成为移动数字媒体的运用平台。

▲ 图 1-1　移动端设备——智能手机和平板电脑

▲ 图 1-2　移动端设备——电子阅读器

▲ 图 1-3　移动端设备——智能手表

UI 设计

UI 即 User Interface（用户界面）的简称。"界面"一词在《现代汉语词典（第 6 版）》中的定义是"物体和物体之间的接触面"。在现代科学领域，"界面"的意义很多。日本设计人员依据界面的不同存在方式将界面分为硬件界面和软件界面。目前，UI 设计更多指的是建立在硬件设备之上的软件界面的设计，具体是指对软件的人机交互、操作逻辑、界面美观这三方面的整体设计。

友好的 UI 设计不仅让软件的操作变得舒适、简单、自由，还赋予软件个性和品位。因此，UI 设计的优劣对于数字产品意义重大。UI 是用户界面，从字面上看是"用户"与"界面"两个组成部分，但实际上还包括"用户"与"界面"之间的交互关系。

1.2.1　UI设计的范畴

UI 设计的范畴十分广泛。从"用户界面"的含义去理解，UI 设计包括网站界面设计（见图 1-4）、系统界面设计（见图 1-5）、移动端应用界面设计（见图 1-6、图 1-7）等。UI 不论是在手机、平板电脑上还是在个人计算机（Personal Computer，PC）（见图 1-8）上都随处可见。

▲ 图 1-4　美国苹果公司（Apple Inc.）官网主页

◀ 图 1-5　Mac OS Sierra 操作系统界面

◀ 图 1-6　平板电脑端应用界面

◀ 图 1-7　手机端应用界面

◀ 图 1-8　Windows10 操作系统的多平台界面

1.2.2　移动端UI设计

移动端产品设计是针对运行于移动媒体设备上的数字产品的设计，包括数字媒体产品的策划、框架布局、界面表现等，从产品开发角度来划分，可以将其划分为战略层、范围层、结构层、框架层、表现层。具体内容，我们将在下一章的移动产品设计流程部分进行详细讲解。移动端 UI 设计是基于移动产品的界面设计，常见的如手机的应用程序（Application，APP）界面设计（见图 1-9）。可见，本书讨论的移动端 UI 设计是上一小节中谈到的 UI 设计的大范畴中的一部分，即基于移动媒体设备上的数字产品的 UI 设计。

▲ 图 1-9　Discovery 手机应用界面

1.3　UI 设计的历史与现状

1.3.1　图形界面发展历史

我们提及 "UI" 这个名词是近几年的事情，其实，UI 设计在设计行业一直存在，从最初我们用的电子产品界面、软件再到互联网中所搭建的网站，这些内容都会涉及 UI 设计，我们现在使用的计算机显示屏里的内容正是 UI 的一种体现。然而，UI 设计经过不断的发展，从单纯的文字符号发展到丰富的图形语言再到具有立体代入感的自然世界，这一发展历程值得我们关注。

微课：1.3.1（图形界面发展历史）

计算机界面目前有 3 个阶段——字符界面（CLI）、图形界面（GUI）和自然界面（NUI），见图 1-10。这 3 个阶段的界面对应着 3 种不同的操作环境——键盘、鼠标和触摸（动作）。以 DOS 操作系统为代表的字符界面现在已经被淘汰，只剩下以 Mac 操作系统、Windows 操作系统为代表的图形界面和以 iOS 操作系统为代表的自然界面。现阶段正是由图形界面向自然界面过渡的时期，但当下现实环境则是图形界面与自然界面共存，两者会不可避免地相互影响。

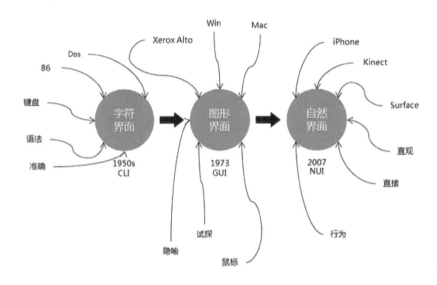

◀ 图 1-10　界面发展阶段

在这里，我们以点带面，通过了解具有代表性的操作系统界面的发展变化来窥探 UI 设计的发展历程。

1963 年，美国麻省理工学院在 709/7090 计算机上成功地开发出第一个分时系统 CTSS，该系统连接了多个分时终端，并最早使用了文本编辑程序。从此，以命令形式对话的多用户分时终端成为 20 世纪 70 年代乃至 80 年代用户界面的主流方式。这一阶段属于以文本为主的字符用户界面，即命令行界面（Command Line Interface）时期，简称 CLI 时期。

当前 UI 设计的主流方式是图形用户界面（Graphical User Interface），简称 GUI。然而，图形界面最早出现于施乐公司（Xerox）的帕洛阿尔托研究中心（PARC）开发的 Alto 操作系统上（见图 1-11）。1973 年 4 月，PARC 研发出了第一台使用 Alto 操作系统的个人计算机，Alto 操作系统首次将所有的元素都集中到现代图形用户界面中，它非常小，但却有着强大的处理图像信息和分享信息的能力，拥有"所见即所得"的文档编辑器，内置了大量的字体和文字格式。另外，PARC 还开发了一种名为 Smalltalk 的程序语言和环境，它拥有自己的 GUI 环境（包括弹出菜单、窗口和图标）。PARC 最早提出"图标"、"窗口"及"菜单"这些概念，鼠标也是 PARC 发明的。

1981 年 6 月，施乐公司推出了 Star 操作系统（见图 1-12），Star 操作系统于 1977 年开始研发，它延续了 Alto 操作系统的概念，在硬件上做了一些升级，比如，支持 384KB 内存（可扩展到 1.5MB 内存），拥有 1 024×768 的黑白分辨率，两个按键的鼠标（原来是三个按键），最重要的是该系统拥有桌面软件，支持多语言，能够连接文件服务器、邮件服务器和打印服务器。可惜的是，Star 操作系统是一个完全封闭的系统，不允许人们应用系统之外的其他程序语言和开发环境，这也意味着它不支持第三方软件。

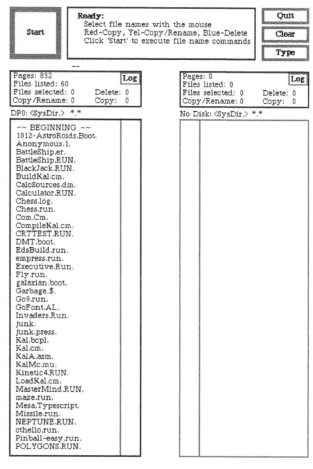

▲ 图 1-11　Alto 操作系统界面

1978 年，苹果公司准备上市，施乐公司预购了苹果公司 100 万美元的股票，并允许苹果公司工程师们研究早已不被施乐公司重视的 PARC 操作系统的图形界面。此后，苹果公司的工程师将图形界面带进了一个崭新的时代。1983 年 1 月，苹果公司发布了 Lisa 操作系统（见图 1-13），Lisa 操作系统不仅拥有 Smalltalk 的 GUI 环境，还增加了下拉菜单、桌面拖曳、工具条、苹果系统菜单以及非常先进的复制、粘贴功能。

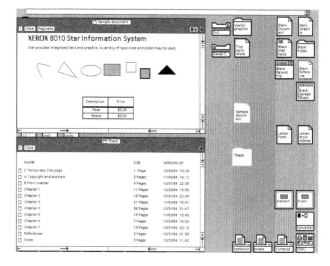

▲ 图 1-12　Star 操作系统界面

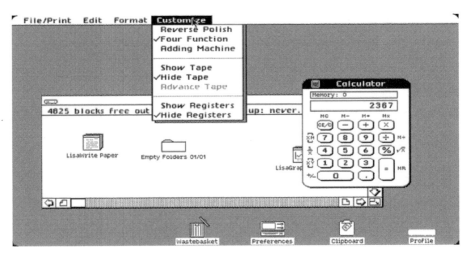

▲ 图 1-13 Lisa 操作系统界面

1984 年，苹果公司乘胜追击，发布了 Macintosh 操作系统（见图 1-14），它已经有了现代操作系统的一些特点，当插入磁盘时可以直接在计算机桌面上看到，方便存取文件。双击磁盘图标，打开一个文件窗口，同时伴随着缩放效果。文件和文件夹都可以被拖曳到桌面上，还可以通过拖曳来复制或移动文件。默认状态下，文件夹以图标方式查看，它还可以根据文件大小、名字、类型或日期来排序，通过单击图标下面的名字，用户可以输入新的名称来对文件重命名。

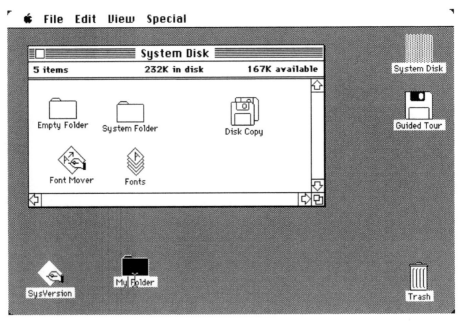

▲ 图 1-14 Macintosh 操作系统界面

1985 年，微软公司发布了 Windows 1.0 操作系统（见图 1-15）。这款系统虽然使用了图形操作界面，但看上去似乎只是给 MS-DOS 操作系统加上了一张皮。Windows 1.0 操作系统允许使用鼠标，可以在程序之间进行切换，可以调整窗口大小和最小化窗口。这套系统在当时非常流行。

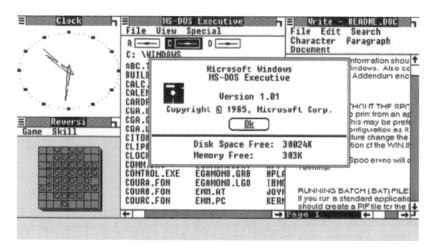

▲ 图 1-15　Windows 1.0 操作系统界面

1987 年 4 月，苹果公司发布了 Macintosh II 操作系统（见图 1-16），也是第一代彩色 Macintosh 操作系统，拥有 24 位可用颜色样本。

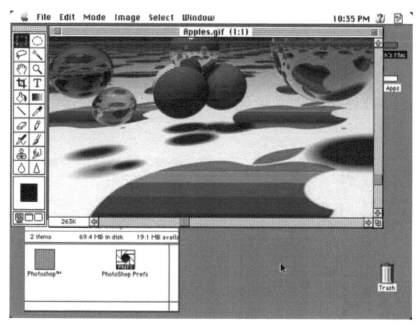

▲ 图 1-16　Macintosh II 操作系统界面

Windows 2.0 操作系统（见图 1-17）发布于 1987 年，为用户带来了第一版 Microsoft Word 和 Microsoft Excel 软件。也正是 Windows 2.0 操作系统导致苹果公司对微软公司发起了诉讼。苹果公司的诉讼理由是 Windows 2.0 操作系统"看上去感觉"与 Macintosh 操作系统和 Lisa 操作系统很像。然而，苹果公司并没有打赢这场官司。

其实，Windows 2.0 操作系统看起来还是没有脱离 MS-DOS 操作系统的影子，但是已经初具规模。

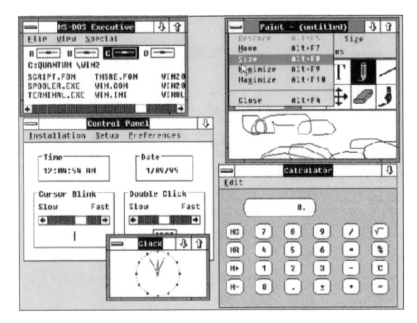

◀ 图 1-17　Windows　2.0
操作系统界面

1988 年 9 月，苹果公司发布了 OS 操作系统（见图 1-18），这是一个 16 位的操作系统，它在屏幕顶部有一条单独的菜单栏。同年 10 月，NeXT 计算机发布。NeXT 公司是由苹果公司的创办人史蒂夫·乔布斯，于 1985 年被苹果公司辞退后同年成立的。NeXT 计算机是工业设计者的一个重大胜利，拥有未来主义的灰色立体模块面板和高分辨率的显示器，以及一个图形界面和一个名为 NeXTStep 的操作系统（见图 1-19）。1996 年，苹果公司买下了 NeXT 并把史蒂夫·乔布斯请回来帮助运营苹果公司。

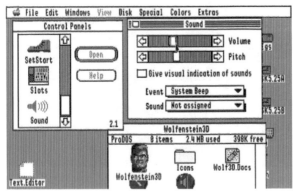

▲ 图 1-18　OS 操作系统界面

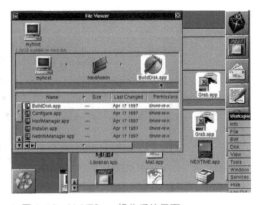

▲ 图 1-19　NeXTStep 操作系统界面

Windows 3.0 操作系统（见图 1-20）发布于 1990 年，在界面、人性化、内存管理等多方面相比前代操作系统有了巨大的改进和提升，在当年年底曾创下销售 100 万套的纪录，该版本也为 5 年之后的 Windows 95 操作系统打下了基础。这是微软公司第一个真正在世界上获得巨大成功的图形用户界面版本，也是最后一款看上去还残存 MS-DOS 操作系统风格的 Windows 操作系统。

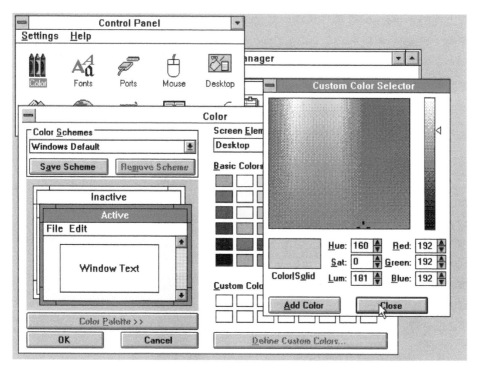

▲ 图 1-20　Windows 3.0 操作系统界面

　　1991 年，Mac OS 7.0 操作系统（见图 1-21）发布，它支持有色彩的图形用户界面，并且图标增加了隐约的灰色、蓝色和黄色阴影。

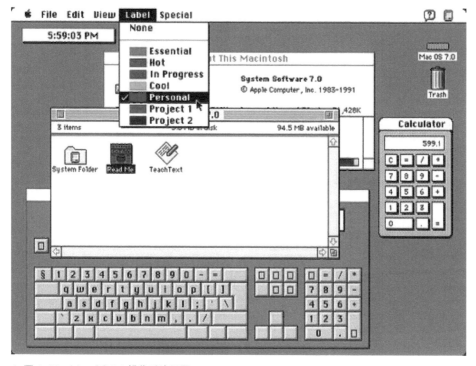

▲ 图 1-21　Mac OS 7.0 操作系统界面

　　微软公司的 Windows 95 操作系统（见图 1-22）让 1995 年成为个人计算机发展历史上的一个里程碑。这套系统完全洗掉了 MS-DOS 操作系统的痕迹，整个界面焕然一新，带来了在当时犹如从科幻电影走出来的用户界面；除此之外，"IE 浏览器"、"回收站"，还有"开始"菜单这些元素成为 Windows 操作系统的经典标志，系统首次在每个窗口上都添加了小小的"关闭"按钮，设计团队为图标和图形设计了各种状态（如启用、禁用、选定、停止等）。Windows 95 操作系统也成为至今为止所有 Windows 操作系统的界面蓝本。

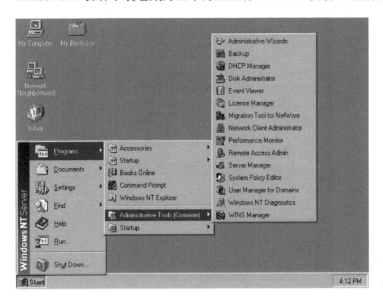

◀ 图 1-22　Windows 95 操作系统界面

　　1997 年 7 月，Mac OS 8 操作系统（见图 1-23）破茧而出，这距史蒂夫·乔布斯 1996 年重回苹果公司只过去了 1 年的时间。苹果公司重燃战火，两周之内卖出了 1.25 亿份产品，成为当时最畅销的软件。Mac OS 8 操作系统也允许用户设置背景图片，而不仅仅是单一的黑白样式，用户甚至可以从他们的文件夹中选择图片来进行设置。

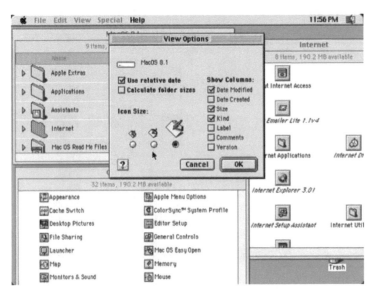

◀ 图 1-23　Mac OS 8 操作系统界面

2000 年 1 月 5 日，苹果公司宣布他们设计出了全新的 Aqua 界面（见图 1-24），并将用于公司新推出的 Mac OS X 操作系统中。在此界面中，默认的 32 × 32 和 48 × 48 的图标被更大的 128 × 128 平滑的半透明图标取代。Dock（苹果操作系统中的停靠栏）上放置了常用的程序图标，鼠标指针经过时会显示程序名称。当窗口最小化后，在 Dock 上显示的不是程序图标，而是程序窗口的缩略图。Aqua 界面最大的变化就是涉及了渐变、背景样式、动画和透明度的应用，有着更好的用户体验。

◀ 图 1-24　Aqua 界面

2001 年，微软公司发布 Windows XP 操作系统（见图 1-25）。Windows XP 操作系统拥有全新的图形用户界面，成为有史以来销量最好、占有率最高的操作系统，也是微软公司历史上最成功的 Windows 操作系统版本。

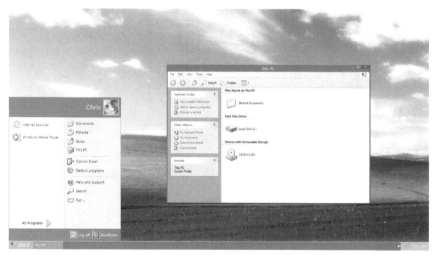

◀ 图 1-25　Windows XP
操作系统界面

2006 年微软公司发布了 Windows Vista 操作系统（见图 1-26），Windows Vista 操作系统使用 Aero 磨砂玻璃界面，"Aero"为四个英文单词的首字母缩略字，它们分别是：Authentic（真实）、Energetic（动感）、Reflective（反射）以及 Open（开阔）。意为 Aero 界面是具有立体感、令人震撼的、具有透视感和开阔的用户界面。由于 Windows Vista 操作系统进化太过激进，导致了硬件兼容的问题，这套系统最终并没有流行起来，人们宁愿选择硬件要求不那么高的 Windows XP 操作系统。而 Windows Vista 操作系统的真正价值可能是它的界面风格，即它的半透明 UI 设计风格是这套系统最大的价值。

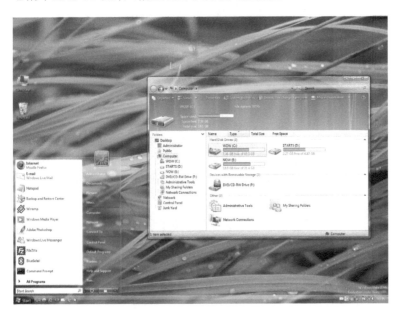

◀ 图 1-26　Windows Vista
操作系统界面

同年，苹果公司发布了第 6 代 Mac OS X 操作系统，名为 Mac OS X Leopard（见图 1-27），这套系统再一次改进了用户界面。它的基本界面仍为 Aqua 和水晶滚动条，但在此基础上加入了一些铂灰色和蓝色；除此之外，3D Dock 和更多的动画及交互内容使得新界面看上去有着更丰富的 3D 效果。

◀ 图 1-27　Mac OS X Leopard
操作系统界面

2012 年，微软公司发布了 Windows 8 操作系统（见图 1-28）。Windows 8 操作系统抛弃了 Aero 磨砂玻璃界面和"开始"菜单，回归简单。为了适应触摸屏，Windows 8 操作系统使用了扁平化的 Metro 界面，Metro 界面强调信息本身，微软公司认为 Metro 的设计主题应该是："光滑"、"快"、"现代"。由于 Windows 8 操作系统在界面上的进化幅度过大，造成了 Windows 操作系统的传统用户的不适应，导致 Windows 8 操作系统的市场占有率长期不高。

◀ 图 1-28　Windows 8
操作系统界面

2015 年，微软公司发布 Windows 10 操作系统（见图 1-29）。用户对 Windows 8 操作系统最不满的地方之一是微软公司放弃了经典桌面和"开始"菜单。Windows 10 操作系统的一大变化是"开始"菜单的回归，Windows 10 操作系统的"开始"菜单与旧版 Windows 操作系统非常相似，但增添了对 Windows 8 操作系统磁贴的支持。磁贴是可以移动、改变大小的，"开始"菜单具有高度的可定制性。Windows 10 操作系统的"开始"菜单中的磁贴功能与 Windows 8 操作系统中的磁贴相似。Windows 10 操作系统还保留了能显示个性化信息的 Windows 8 操作系统动态磁贴。

◀ 图 1-29　Windows 10
操作系统界面

UI 的发展经历了以符号为主的字符命令语言、以视觉感知为主的图形用户界面、走向兼顾听觉感知的多媒体用户界面和综合运用多种感观（包括触觉等）的虚拟现实系统。UI 的发展趋势体现了对人（用户）这一因素的不断重视，使人机交互更接近于自然的形式，使用户能利用日常的技能，不需要经过特别的学习就能轻松地实现人机交互，达到信息互通的目的。这是"以人为中心"思想的体现。

1.3.2　UI设计的方向

目前 UI 设计可分为三个方向，分别为：用户研究、交互设计和界面设计。

微课：1.3.2（UI设计的方向）

1. 用户研究

用户研究的首要目的是帮助企业定义产品的目标用户群，明确并细化产品概念，并通过对用户的工作环境、用户使用产品的习惯以及用户认知心理特征等要素的研究，使得企业在产品开发的前期能够把用户对于产品功能的期望、对设计和外观方面的要求融入到产品的开发过程中去，从而帮助企业完善产品设计方案或者探索一个新产品概念。用户研究使用户的实际需求成为产品设计的导向，使产品更符合用户的习惯、经验和期待。

用户研究是一个跨学科的专业，涉及可用性工程学、人类功效学、心理学、市场研究学、教育学、设计学等学科。目前，用户研究主要包含两个方面：一是可用性工程学（UsabilityEngineering），研究如何提高产品的可用性，使得系统的设计更容易被人使用、学习和记忆；二是通过可用性工程学的研究，发掘用户的潜在需求，为技术创新提供另外一条思路和方法。

用户研究不仅对公司设计产品有帮助，而且让产品的使用者受益，是对两者互利的。对公司设计产品来说，用户研究可以节约宝贵的时间、开发成本和资源，创造更好更成功的产品。对用户来说，用户研究使得产品更加贴近他们的真实需求。

2. 交互设计

交互设计由 IDEO 公司的一位创始人比尔·莫格里吉（Bill Moggridge）提出，当时命名为"软面（Soft Face）"，后更名为"交互设计（Interactive Design）"。

交互设计指的是定义、设计人造系统的行为的设计领域，它定义了两个或多个互动的个体之间交流的内容和结构，使之互相配合，共同达成某种目的。简单来说，交互设计是指人和产品或服务互动的一种机制。以用户体验为基础进行的人机交互设计要考虑用户的背景、使用经验以及在操作过程中的感受，从而设计出满足最终用户需求，符合用户逻辑思维的产品，使得最终用户在使用产品时内心愉悦，效率提高，并从中受益。

交互设计的中心思想是以用户为中心。在进行产品设计时从用户的需求和用户的感受出发，以用户为中心设计产品，而不是让用户去适应产品，无论产品的使用流程、产品的信息架构、人机交互方式等，都需要考虑用户的使用习惯、预期的交互方式、视觉感受等。

交互设计的基本流程包括：用户需求分析——→确定产品设计概念——→候选方案设计——→原型设计——→用户测试与评估。

交互设计使得产品的使用者可以较好地学习，快速有效地完成任务，访问到所需的信息、购买到所需的产品，并且在使用的过程中获得独特的体验，情感上的满足。交互设计的好坏会影响用户对产品的印象，同时也会影响用户对品牌的看法。良好的交互设计会给市场带来增值，会提高用户对品牌的忠诚度，会促进销量，从而给公司业务带来良性循环。

3. 界面设计

界面是人与机器之间传递和交换信息的媒介。从深度上分为两个层次：感觉的和情感的。感觉层次指人和机器之间的视觉、触觉、听觉层面的接触；情感层次指人和机器之间由于沟通所达成的融洽关系。总之用户界面设计是以人为中心，使产品达到简单实用和愉悦使用的设计目的。

界面设计就像工业产品中的工业造型设计一样，是产品的重要卖点。在国外，用户界面设计人员有了一个新的称谓：Information Architect（信息建筑师）。他不仅是美工，而是具有心理学、软件工程学、设计学等综合知识的人。

一个设计良好的用户界面，可以大大提高工作效率，使用户从中获得乐趣，减少由于界面问题而造成的用户的咨询与投诉，减轻客户服务的压力，减少售后服务的成本。因此，用户界面设计对于任何产品或服务都极其重要。

第  章　　　　移动产品设计流程与
　　　　　　　　　　　　用户体验

　　本章介绍了当前行业中移动产品开发设计的流程、UI 设计阶段和分工，阐述了用户
体验的概念、价值以及用户体验模型，即用户体验要素模型、蜂巢模型和五度模型，着
重介绍了用户体验在设计流程中的引入，通过具体案例来讲解竞品分析的方法。

移动产品开发设计的五个层次

AJAX[①]之父 Jesse James Garrett 在《用户体验要素》一书中提到用"用户体验"的五个要素，分别是战略层、范围层、结构层、框架层和表现层。这五个要素，同样也适用于移动产品开发设计的五个层次（见图 2-1）。这五个层次构成了移动产品设计的一般流程：战略层设计、范围层设计、结构层设计、框架层设计和表现层设计。

微课：2.1（移动产品开发设计的五个层次）-2.2.1（用户体验概念）

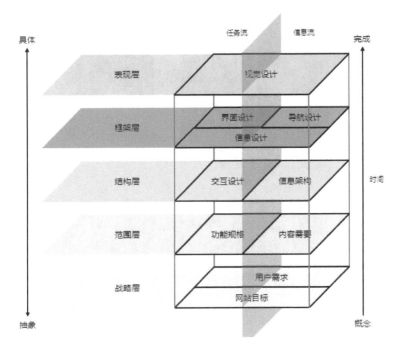

◀ 图 2-1 移动产品开发设计的五个层次

2.1.1 战略层设计

战略层用于确定产品目标以及用户需求。

任何一款产品，从开始概念构思到产品最终成型，需要解决产品目标和用户需求两个问题，一款产品被创造出来或者其通过功能完善被改造出来，背后必然有一个动机。从公司的角度看，公司关注的是这款产品能不能给公司带来利益，而产品的影响力、品牌、收益等因素都是公司要考虑的问题；从用户的角度看，用户关注的是这款产品能不能为其创造价值。具体而言，从微观角度来看，用户会关注产品可以满足其哪些需求，帮助其改善哪些方面问题。从宏观角度

---

① AJAX 即 Asynchronous JavaScript And XML（异步 JavaScript 和 XML），是一种创建交互式网页开发技术。

来看，用户会关注产品能不能创造什么社会价值，比如提高生产率、增加社会财富等。

只有明确了这些目的，才能正式开展工作。

下面我们来了解一下产品目标和用户需求。

1. 产品目标

产品目标，指的是用尽可能具体的词汇来定义我们期望产品"本身"能完成的事情，包含以下 3 项内容。

（1）商业目标。

（2）传递品牌识别。

（3）产品目标成功的标准。比如网站，可以依据用户访问平均停留时间、转化率、二次访问率来测评。

2. 用户需求

用户需求的具体做法为：寻找目标用户→调研需求→确定需求优先级别。用户需求包含以下 3 项内容。

（1）用户细分。

（2）可用性、用户研究。

（3）创建角色，自我融入场景。

2.1.2 范围层的设计

范围层用于寻求功能规格和内容需求。

通常，我们需要确定产品各种特性和功能的最合适的组合方式，而这些特性和功能就构成了产品设计的范围层。

在软件方面，范围层表现为创建功能规格，对产品的"功能组合"进行详细描述。在信息空间方面，范围层则以内容需求形式表现，对各种内容元素的要求进行详细描述。

在假设一个产品的过程中考虑潜在的冲突和产品中一些粗略的点，可保证在设计过程中不会出现模棱两可的情况。我们所说的产品需求的文档记录不仅仅要包含需要的功能，也要囊括不需要的功能，并要做到分工明确、责任清晰。

关于需求的分析，通常包含定义需求、需求的类别以及需求获取途径。

1. 定义需求

定义需求包含：技术需求（支持的浏览器、操作系统、硬件需求），品牌需求，特性需求（产品必须拥有的某种特性）。

2. 需求的类别

需求的类别应当注意以下几点。

（1）直接讲述的、用户想要的东西。

（2）用户说出来、所期望的特性其实并不一定是他们真正想要的（比如用户想吃包子，其实用户真正的需求是解决饿的问题，在无法提供包子的情况下，米饭完全可以满足需求）。

（3）用户不知道他们是否需要的特性。

3. 需求获取途径

需求获取途径可以采用的方式有：将人物角色放入模拟场景中；从竞争对手处得到一些启示。

2.1.3 结构层设计

结构层用于交互设计和信息架构。

结构层比框架层更抽象，框架是结构的具体表达方式。结构层用来设计用户如何达到某个页面，并且指引用户做完事之后能去什么地方。

软件方面，结构层将范围转变成交互设计，我们可以定义系统如何响应用户请求。信息空间方面，结构层则是信息架构在信息空间中内容元素的分布。

交互设计关注于描述"可能的用户行为"，同时定义"系统如何配合与响应"这些用户行为。其中，用户将"交互组件将怎样工作"定义为"概念模型"，一个概念模型可以反映系统的一个组件或是整个系统，用于在交互设计的开发过程中保持使用方式的一致性。

信息架构如何选择并组织信息，以保证别人能理解并使用它们，是研究人们如何认知信息的过程。对于产品而言，信息架构关注的就是呈现给用户的信息是否合理并具有意义。网站的信息架构的主要工作就是设计组织分类和导航的结构，从而让用户可以高效率并有效地浏览网站的内容。

2.1.4 框架层设计

框架层用于界面设计、导航设计和信息设计。

1. 界面设计

界面设计用来确定界面控件元素以及位置，提供用户完成任务的能力。通过它，用户能真正接触到那些"在结构层的交互设计中"确定的"具体功能"。

2. 导航设计

导航设计是呈现信息的一种界面形式，并提供给用户去某个地方的能力。

3. 信息设计

信息设计能呈现有效的沟通信息，并传达想法，它是这个层面中范围最广的一个要素。

有一些常见的技巧：认真揣摩呈现给用户的默认页面、记住用户最后一次选择状态的系统。对于那些被养成的用户习惯，并不是一成不变的，而是要让之后每一次改变都有充分明确的理由。"成功的界面"是一眼能看到最重要东西的。

按钮、表格、照片和文本区域的位置，用于优化设计布局，以达到这些元素的最优效果。

框架层可以被分成三个部分，分别是信息设计（Information Design）、界面设计（Interface Design）和导航设计（Navigation Design）。信息设计促进理解信息表达方式；界面设计指的是安排好让用户与系统的功能产生交互的界面元素；导航设计是指从信息空间方面构成屏幕上的一些组合，并允许用户在信息架构中穿行。

表现层用于感知设计，重点关注的是视觉设计，也可以说是最终产品的外观。

在表现层次，主要就是视觉的传达，它是最直接也是最直观的。打开一个移动应用，其 UI 界面设计中的形状、文字、色彩等，都是这个层次的一部分。表现层可以决定用户的第一印象，也可以通过形状、字体以及颜色等设计元素去影响用户的感知，达到设计的目的。

设计流程中的用户体验设计

传统的移动开发项目流程通常为：立项→需求→开发→测试。首先，在立项阶段，企业负责人或者市场部门会根据用户的要求提出一个总体的想法，这时的想法是抽象的。然后，业务部门会根据这个想法来具体细化并分析业务逻辑，形成业务需求说明书。接下来，就进入开发阶段，程序员和设计师一起根据业务的需求说明书来进行开发和设计，然后就形成了移动应用产品。最后，在测试阶段，测试员又对照业务需求说明书测试功能的实现度。但通常的最终结果是用户对这样的产品不满意。因为，项目管理者会根据用户需求形成产品需求分析报告，然后设计师介入，设计出一些视觉界面，再然后程序员根据有限的设计图伴有猜想式地进行实际开发。但在这样的模式下，产品会出现几次偏离。需求说明书只有几十页的文档，而这样的文档所传递的实际需求的效果极差，不能让用户确认需求，于是便会出现整个流程中的第一次产品与需求偏离的情况。之后，设计师在做视觉设计的同时，就可能按照他自己的想法和认识去实现，因此会出现整个流程中的第二次产品与需求偏离的情况。接下来，程序员在拿到设计师有限的设计图后，就开始写代码，但是由于没有完整的产品模型到程序结构的映射，最终导致第三次产品与需求偏离的情况。这样带来的致命后果就是最终实际产品根本就不是用户想要的。

由于传统的开发流程中没有重视用户的需求，极其容易使项目返工，造成人力、物力、财力和时间的极大浪费。因此，在整个设计流程中，引入"用户体验设计"，将有效解决传统流程中的这一问题。

用户体验（User Experience，UE/UX）是用户在使用产品过程中建立起来的一种纯主观感受。用户体验设计（User Experience Design，UED）是以用户为中心的一种设计手段，以用户需求为目标而进行的设计，设计过程注重以用户为中心。用户体验的概念从开发的最早期就开始进入整个流程，并贯穿始终。目前，在行业内有很多企业会将 UI 设计和 UE 设计整合放入 UED 部门里面。

2.2.2 用户体验的价值

用户体验工作对整个产品的研发过程十分重要。在企业当中，用户体验越来越得到管理者的重视。首先，用户体验能让企业有效地降低产品研发过程中以及后期维护的成本，越是在产品的早期设计阶段，企业就越能充分地了解目标用户群的需求并结合市场需求，从而最大程度降低产品的后期维护甚至回炉返工的成本。同时，用户体验可以有效地控制产品研发的时间，能有效杜绝因对客户需求了解不充分就进行后续工作的现象，避免浪费时间，进而减少返工的时间。

微课：2.2.2（用户体验价值）

其次，用户体验能让客户较好地把握产品研发的过程，不会产生置身事外的感受。如果在产品中给用户传达"我们很关注他们"这样的信号，用户对产品的接受程度就会上升，同时能最大程度地容忍产品的缺陷。

最后，产品设计时关注用户需求，往往能对设计"未来产品"具有帮助。用户体验有利于对系列产品的整体规划。

2.2.3 用户体验模型

1. 用户体验的要素模型

用户体验的要素由 Ajax 之父 Jesse James Garrett 在《用户体验要素》一书中提到。在本章第一节中谈到移动产品开发时的五个层次，就借用了这五个要素的说法。这是一个关于用户体验的著名模型，模型中概括了用户体验设计过程中的核心环节和流程，这一模型是一种自下而上的构建方式，包括战略层、范围层、结构层、框架层和表现层。每个层面都是根据它下面的那个层面来决定的，在模型的最底层不再关注产品的最后形式，只关注产品怎样适应战略并满足用户的需要；在最顶层，关注的是产品外部特征的展示。

▲ 图 2-2　用户体验蜂巢模型

2. 蜂巢模型

蜂巢模型是由被誉为"信息架构之父"的 Peter Morville 设计的。该模型定义了用户体验的七个维度：适用性、可用性、易查性、可靠性、可接近性、满意度、价值度（见图 2-2）。

用户体验的蜂巢模型超越了可用性而能够帮助人们理解需求，并定义需求的优先级。这里特别说明一下"可接近性"，这一点是出于对一些有使用障碍的人士的关怀而设计的。蜂巢模型的每个要素都像一面镜子，帮助设计者看待设计这份工作，使设计工作在探索过程中超越了常规的界限。

3. 五度模型

五度模型是阿里巴巴 1688UED 团队（阿里巴巴集团最为资深的用户体验部门之一）提出的评价用户体验质量的五度模型。从用户的使用路径归纳出五个评价维度：吸引度、完成度、满意度、忠诚度、推荐度。对于用户体验周期的这五个不同阶段，每个阶段的目标是不一样的：触达、行动、感知、回访、传播这五个过程对应的核心目标分别是吸引度、完成度、满意度、忠诚度、推荐度（见图 2-3）。五度模型可作为一般互联网产品的基础模型，为产品的用户体验质量提供一个方向，不同产品根据目标的差异进行具体的用户体验数据指标定义。

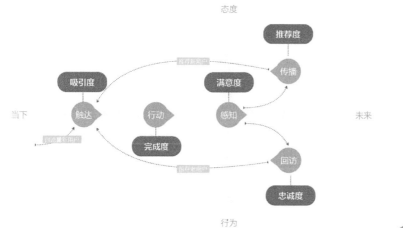

◀ 图 2-3 用户体验五度模型

在传统流程中引入用户体验工作内容后，从需求阶段到产品发布阶段，用户体验设计贯穿整个产品开发过程的始终（见图 2-4）。

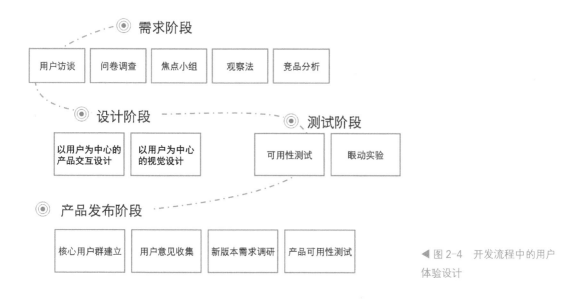

◀ 图 2-4 开发流程中的用户体验设计

在项目前期需求阶段，用户体验师、设计师和产品经理一起收集分析用户需求、策划和检验产品概念。这一过程叫"用户研究"，具体内容包括用户访谈、问卷调查、焦点小组、观察法、竞品分析。在项目中期设计阶段，用户体验师、产品经理、工程师和设计师一起探索、检验，建立了以用户为中心的交互设计和视觉设计。在项目后期测试阶段，用户体验师、设计师和研发工程师一起实施、优化产品，用户体验师配合进行用户测试，开展可用性评估、眼动实验。最后，在产品发布阶段，用户体验师、设计师、产品经理和研发工程师一起跟踪改进产品，具体内容包括核心用户群建立、用户意见收集、新版本需求调研以及产品可用性测试等一系列详细的工作。视觉设计则往往根据产品的不同，在不同的时间点进入：有的在产品前期就要开始参与产品视觉和品牌的策划和设计，有的在产品后期才参与产品实施优化。其中，在产品前期和中期的用户体验工作最为重要，因为这时的探索和验证能最大程度地减少产品研发过程中可能出现的错误和风险，从而在全局上优化研发过程。

1.用户研究

用户研究是以用户为中心的设计流程中的第一步。它是一种理解用户并将他们的目标、需求与商业宗旨相匹配的理想方法。用户研究的首要目的是帮助企业定义产品的目标用户群，明确和细化产品概念，并通过对用户的任务操作特性、知觉特征、认知心理特征的研究，使用户的实际需求成为产品设计的导向，使产品更符合用户的习惯、经验和期待。

用户研究不仅对公司设计产品有帮助，而且让产品的使用者受益，是对两者互利的。对公司设计产品来说，用户研究可以节约宝贵的时间、开发成本和资源，创造更好更成功的产品。对用户来说，用户研究使得产品更加贴近用户的真实需求。通过对用户的理解，可以将用户需要的功能设计得有用、易用并且强大，以便能解决实际问题。

（1）用户研究的过程与步骤。一般用户研究的过程分为以下四个步骤。

①调查和理念的提出，常用二手资料搜集和问卷调查方法。

②证实理念和定位，常用观察法和访谈法。

③信息整合分析，常用用户知识获取法和使用过程法。

④研究结果转化和输出，常用的方法是情景和角色法。

用户研究与方案聚焦（见图2-5）是一个螺旋前进的过程，我们可以看到从用户研究到设计创新的过程中，用户研究与方案推进相辅相成，密不可分。

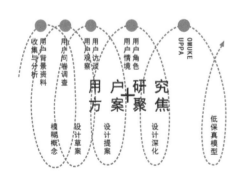

▲ 图 2-5 用户研究与方案聚焦

（2）用户研究的调查方法。用户研究常用的调查方法主要包括：问卷调查法和访谈法。

①问卷调查法。问卷（Questionnaire）是为了搜集人们对某个特定问题的态度、观点或信念等信息而设计的一系列问题，它的形式是一份精心设计的问题表格，用途在于测试人们的态度、行为等特征。进行问卷调查最重要的一件事情就是确定调查对象，即我们要调查哪些人。例如，对于一项关于网络购物的问卷调查，我们就要对调查对象进行分类：现

有的在线顾客、经常网购的顾客、新手、专家用户等，只有在了解目标对象之后，才能确定问卷调查的目的与内容。

在用户研究中，问卷调查有两个目的：第一，问卷调查是为了在庞大人群中获取整体系统的信息。相对于观察访谈来说，问卷调查的面更广、简便易行、省时省力，可以对较大的人群量进行数据收集，更容易收集到用户的目标、行为、观点和人口统计特征等量化数据；第二，问卷调查是为了挖掘与产品设计相关的信息，与用户界面和可用性相关的信息。观察与访谈只是初步了解影响产品设计和用户界面设计的因素之基本框架，还需要通过问卷调查在更大的样本量上确定各因素之间的关系和因素与用户之间的关系。

问卷调查的类型包括：个别发送法、邮寄填答法、集中填答法、当面访问法、电话访问法和网络访问法，表 2-1 展示了问卷调查类型。

表 2-1　问卷调查类型

项　　目	个别发送法	邮寄填答法	集中填答法	当面访问法	电话访问法	网络访问法
调查范围	窄	较广	较广	窄	可广可窄	很广
调查对象	可控制和选择，样本具有代表性	有一定的控制和选择，代表性难以估计	可控制和选择，某些样本不能集中	可控制和选择，代表性较强	可控制和选择	不可控制
影响回答的因素	可以了解、控制和判断	难以了解、控制和判断	有一定的了解和控制	便于了解、控制和判断	不太好了解、控制和判断	不太好了解、控制和判断
回复率	较高	较低	较高	高	较高	较低
回答质量	不稳定	较高	较低	较高	不稳定	不稳定
投入人力	较少	较少	较少	较多	较少	少
调查费用	较低	较低	较低	高	高	低
调查时间	较短	很长	较短	长	较长	较短

②访谈法。访谈法（Interview Method）是一种由访谈员根据研究所确定的要求与目的，按照访谈提纲或问卷，通过个别面访或集体交谈的方式，系统而有计划地收集资料的方法。它是访谈员与访谈对象双方的社会过程，并通过这一互动过程来获得资料。

访谈的类型包括：深度访谈、网络访谈、焦点小组、入户访谈、街头拦截和电话访谈，表 2-2 展示了访谈类型。

表 2-2　访谈类型

方　　法	目　　的	特　　点	数 据 输 出
深度访谈	通过用户实验操作；了解用户的主观意识和思维；专业评估人员发现问题	数据详细深入	观察结果、访谈记录、照片、录像

续表

方 法	目 的	特 点	数 据 输 出
网络访谈	深度访谈、电话访谈的有力补充	快速；成本低；不受环境限制；可灵活安排时间	文字访谈记录、截图（语言资料）
焦点小组	采用 6 ～ 12 人；成组讨论；通过参与者之间的互动来激发想法和思考，从而使讨论更加深入、完整	实验周期短；快递成本较低；多思路	问题卡片、讨论录像
入户访谈	了解用户的生活方式、态度，使用户行为与产品设计建立联系	时间较长、资料较全、能发现设计的不同契机	观察结果、访谈记录、照片、录像
街头拦截	用户填写问卷、吸引用户参加焦点小组	周期短、成本较低	问卷、访谈记录、录音
电话访谈	深度访问的有力补充	成本低、快递	电话录音、文字访谈记录

访谈过程十分宝贵，资料也非常珍贵，因此，在访谈前需要做比较充足的准备，访谈一般包括如下流程（见图 2-6）。

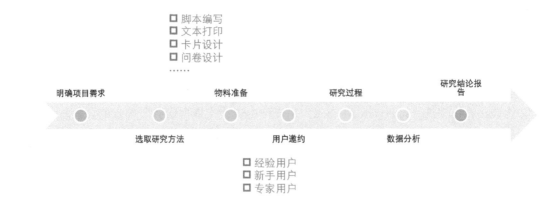

▲ 图 2-6 访谈流程

③用户角色模型。用户角色模型（Persona）是虚构出的一个用户，用来代表一个用户群。一个用户角色模型可以比任何一个真实的个体都更有代表性。一个代表典型用户的用户角色模型的资料有性别、年龄、收入、地域、情感、所有浏览过的 URL 以及这些 URL 包含的内容、关键词等。一个产品通常会设计 3 ～ 6 个用户角色模型代表所有的用户群体。用户角色模型是

能够表现大多数用户需求、用户目标和个人特征的典型用户，他们是真实用户意志的体现，能够帮助开发者对产品进行设计和功能打造。

通过前期访谈和调查结论建立用户角色模型，了解用户真实的操作过程、思维过程、出错情况、学习过程。同时建立的用户角色模型是依据调查中用户的特征，能够从用户的角度出发，进行"以用户为中心"的设计，并且为后期的可用性测试提供了合理的测试流程。

用户角色模型能识别用户动机、用户期望并分析影响用户使用产品的因素。为了使模型更加真实可信，我们通常给模型赋予姓名、性格和照片。虽然模型是虚构的，但是他们是基于企业对真实用户的了解而创建的。一些用户调研在被执行前都会确认创建的用户角色模型代表的是终端用户的意志而非创建者。

创建用户角色模型体系的方法较多，如 Dr.Lene Nielsen 的 10 步建立用户角色模型方法是比较典型的方法（见图 2-7）。

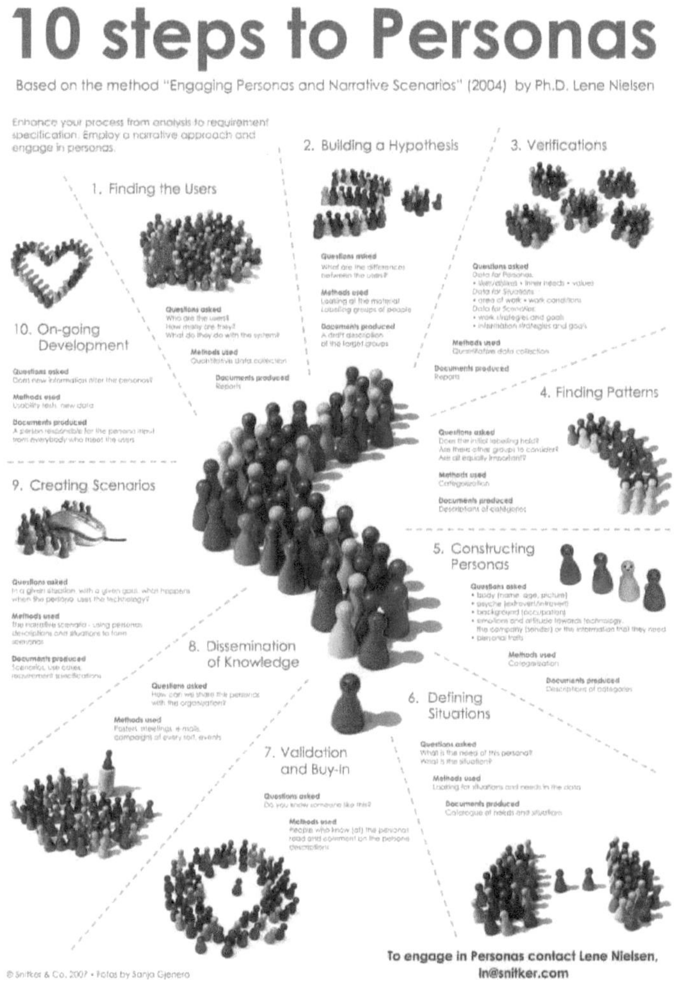

▲ 图 2-7　Dr.Lene Nielsen 的 10 步建立用户角色模型方法

2. 竞品分析

竞品是竞争产品，即竞争对手的产品。竞品分析，顾名思义，是对竞争对手的产品进行比较分析。竞品分析主要包括：竞品基础数据管理、竞品流程管理、竞品分析、竞品展示，而重点在于竞品数据结构的搭建和竞品分析管理。竞品分析对移动数字产品的开发意义十分重大。

我们来看一个求职类 APP 竞品分析案例。下面对目前热门的三款求职类 APP："前程无忧"、"拉勾网"和"招才猫"进行了分析，我们来了解一下。

求职类 APP 竞品分析

1. 基本介绍

（1）前程无忧——找工作尽在前程无忧。

前程无忧是国内第一个集多种媒介资源优势的专业人力资源服务机构。它集合了传统媒体、网络媒体及先进的信息技术，加上一支经验丰富的专业顾问队伍，提供包括招聘猎头、培训测评和人事外包在内的全方位专业人力资源服务。

（2）拉勾网——最专业的互联网招聘平台，专注互联网职业机会。

拉勾网是一家专为拥有 3～10 年工作经验的资深互联网从业者提供工作机会的招聘网站。拉勾网专注于为求职者提供更人性化、专业化服务的同时，降低企业寻觅良才的时间和成本。

（3）招才猫直聘——招兵买马，就用招才猫直聘。

招才猫直聘是由 58 同城推出的商业直聘专用平台，原 58 招聘商家版，宣传最快 8 小时招到人。

2. 首页信息设计

这三款求职类 APP 的首页信息设计对比情况见图 2-8。

▲ 图 2-8　求职类 APP 首页信息设计对比

前程无忧的首页信息设计没有进行信息的分类与整合。"职位推荐"、"个人中心"、"人事来信"等功能全部平铺排列，导致用户需要翻页才可看到部分功能的入口。

拉勾网的首页信息设计逻辑清晰，第一层级为导航："首页"、"消息"、"发现"、"我"。而"首页"这一功能模块展示了职位信息，从上到下依次为："搜索框"、"可直聊"、"推荐的职位"。点击最底部的"导航"按钮即可切换到其他的主菜单。

招才猫直聘的首页设计很直接，求职者的主要信息直接按类型呈现在主页上面，让用人单位能很快地了解求职者基本情况。

3. 个人中心界面设计

这三款求职类 APP 的个人中心界面设计对比情况见图 2-9。

▲ 图 2-9　求职类 APP 个人中心界面设计对比

前程无忧的个人中心界面设计比较简洁，基本信息、工作经验、教育经历等基本内容按简历的形式呈现出来。

拉勾网的个人界面设计拿捏得当，"简历"、"PLUS"、"收藏"为主要的信息，其他的信息为辅助项，整个界面非常简洁。

招才猫直聘的个人界面设计相对混杂，需要上滑屏幕才能看到完整的个人信息，其应该对相似功能做整合。

4. 界面视觉设计

这三款求职类 APP 的界面视觉设计分别如图 2-10~ 图 2-12 所示。

◀ 图 2-10　前程无忧界面视
觉设计

◀ 图 2-11　拉勾网界面视觉
设计

◀ 图 2-12　招才猫直聘界面
视觉设计

　　前程无忧的 APP 界面整体风格为橙色，该颜色比较鲜明，但容易导致用户视觉疲劳。拉勾网采用的蓝绿色调，色彩比较调和，界面设计舒适。而招才猫直聘某些界面过于追求简洁，以至于视觉层次不够丰富，给用户感觉比较空洞和简单。

我们再来看一个来源于 woshipm 网站上的案例《资讯类 APP 竞品分析报告》（作者为 Sekhmet）。案例中选取了腾讯新闻、搜狐新闻、今日头条、网易新闻这四款资讯类 APP 进行对比分析，我们选取案例中的"产品概况、产品定位及优势对比"以及"产品结构对比"这两部分来着重了解一下。

资讯类 APP 竞品分析报告

1. 产品概况、产品定位及优势对比

4 款 APP 的产品概况、产品定位及优势对比如表 2-3 所示。

表 2-3 产品概况、产品定位及优势对比

产 品	占用内存	Slogan	注册/登录方式	产品定位	产品优势
腾讯新闻	15.19M	事实派	可使用 QQ 账号、微信账号快速登录，可使用腾讯微博账号、其他邮箱账号注册登录	快速、客观、公正的提供新闻资讯的中文免费应用程序	强调新闻秒传，30 秒实时推送重大新闻
搜狐新闻	11.30M	上搜狐，知天下	可使用手机号、搜狐账号、新浪微博账号、QQ 账号、人人网账号、开心网账号、淘宝账号、百度账号、微信账号注册登录	资讯全媒体的开放平台	移动新闻客户端市场份额第一；全媒体资讯平台；开放的订阅模式；海量媒体独家内容
今日头条	10.26M	你关心的才是头条	可使用手机号、QQ 账号、新浪微博账号、微信账号、腾讯微博账号、人人网账号、注册登录	基于数据化挖掘的个性化信息推荐引擎	通过用户行为分析、推荐引擎技术实现个性化、精准化
网易新闻	22.46M	有态度的新闻门户	可使用网易邮箱账号、手机号、新网微博账号、QQ 账号注册登录	"有态度"的新闻资讯客户端	"跟帖"功能是突出特色，"无跟帖，不新闻"；注重原创栏目

2. 产品结构对比

（1）腾讯新闻。腾讯新闻结构简洁明了，操作简单，隐藏层次较少，易于使用（见图 2-13）。

（2）搜狐新闻。搜狐新闻结构上稍显复杂，层次较多，有些功能隐藏较深，可能让用户在第一时间内难以找到（见图 2-14）。

（3）今日头条。今日头条的结构相当简单，只有两层，使用起来非常简单，并且各功能栏划分有序，具有较高的易学性（见图 2-15）。

（4）网易新闻。网易新闻虽然功能较多，但功能划分较清晰，易于用户使用（见图 2-16）。

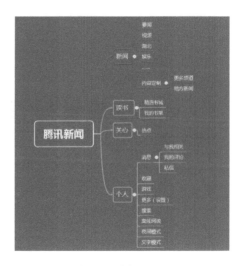

▲ 图 2-13 腾讯新闻结构

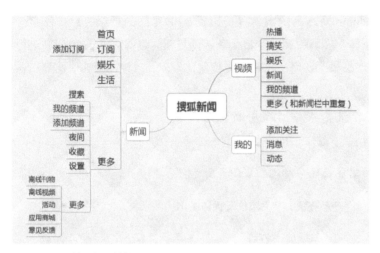

▲ 图 2-14　搜狐新闻结构

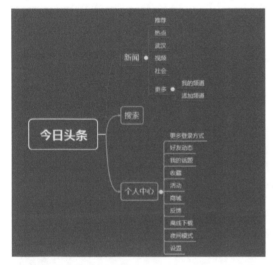

▲ 图 2-15　今日头条结构

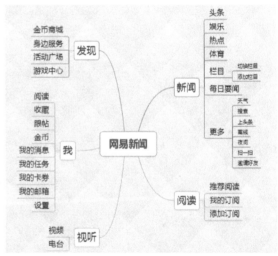

▲ 图 2-16　网易新闻结构

2.3 移动设计操作流程

2.3.1 流程图

在本章的 2.1 节介绍了移动产品开发设计的五个层次。然而，在实际操作过程中，项目团队会制定一个明确的流程图，通过流程图，可以明确各项工作的前后关系，这样能促使团队的成员更好地配合。首先，我们来看看微软的用户体验部的工作流程（见图 2-17）。

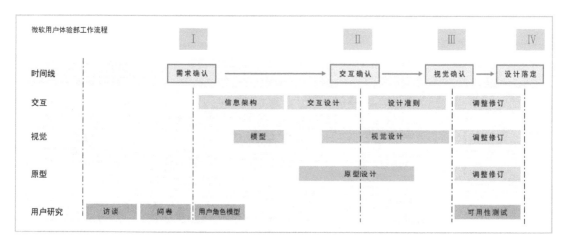

▲ 图 2-17　微软用户体验部工作流程

微软的移动产品开发项目流程图十分清晰，整体分为四个阶段：需求确认阶段、交互设计阶段、视觉设计阶段、设计落定阶段。从工作的性质来看，主要分为前期的用户研究，具体包括访谈、问卷、用户角色模型，前中期的信息架构和模型设计，中期的原型设计、交互设计和视觉设计的配合，最后分别进行调整修订，最终通过可用性测试完成设计落定。

我们再来看看百度公司的用户体验部的项目流程（见图 2-18）。

微课：2.3（移动设计操作流程）

• baidu用户体验部项目流程

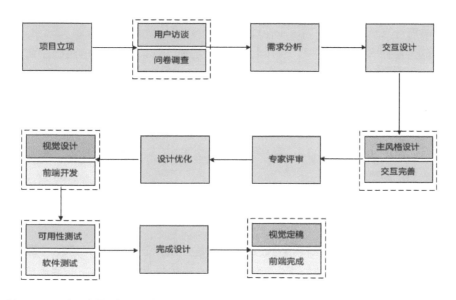

▲ 图 2-18　百度用户体验部项目流程

总之，用户体验让项目设计流程更加科学，设计过程更加顺畅。如图 2-19 所示为 Jack Lee 所绘制的用户体验流程图。

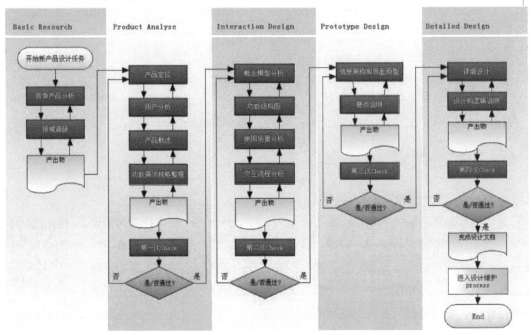

▲ 图 2-19 用户体验流程图

2.3.2 移动设计师接

移动产品的开发从具体实际操作工作性质来划分，可细分为十个阶段。在不同的阶段，UI 设计师的工作内容和职责有所不同，其中 UI 设计由界面设计师负责，UE 设计由用户体验师负责。下面，我们来介绍具体工作内容。

1. 产品定位与市场分析阶段

目的：UI 设计师了解产品的市场定位、产品定义、客户群体、运行方式等。

主要执行人员：UI 设计师、UE 设计师、需求部门。

需沟通人员：销售人员。

实现方式：会议讨论。

2. 用户研究与分析阶段

目的：UI 设计师收集相关资料并分析目标用户的使用特征、情感、习惯、心理、需求等，提出用户研究报告和可用性设计建议。这部分工作有团队配合完成。在时间与项目需求允许的情况下，还可以制定实景用户分析。

主要执行人员：UI 设计师、UE 设计师、需求部门、技术人员。

需沟通人员：销售人员。

实现方式：草图（见图 2-20 ～图 2-22）、纸稿线和

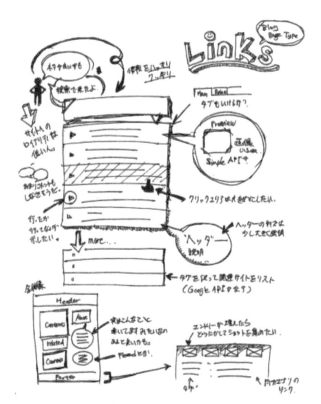

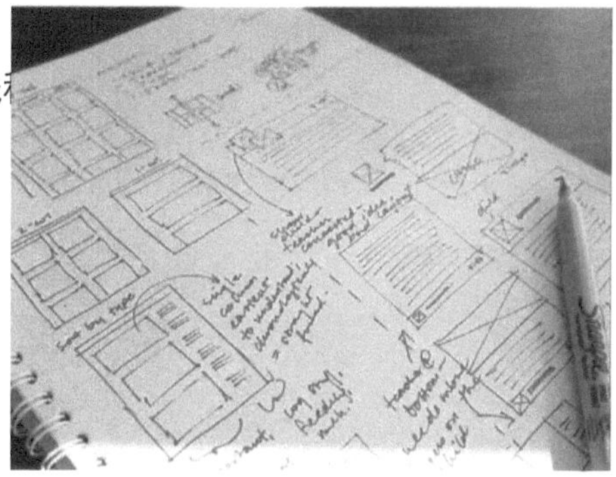

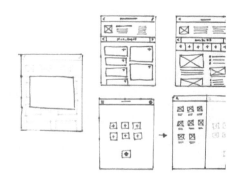

▲ 图 2-21　Allison House 绘制草图（一）

▲ 图 2-22　Allison House 绘制草图（二）

▲ 图 2-20　草图阶段

3. 架构设计阶段

目的：此阶段涉及较多界面交换与流程的设计，根据可用性分析结果制定交互方式、操作与跳转流程、结构、布局、信息和其他元素。

主要执行人员：UI 设计师、UE 设计师、需求部门。

需沟通人员：技术人员、销售人员。

实现方式：UE 设计师对原型进行优化，整理出交互及用户体验方面意见，反馈给 UI 设计师及需求部门；UI 设计师进行界面风格设计并尝试出界面效果。

4. 原型设计阶段

目的："原型"是在项目前期阶段的重要设计步骤，主要是为了发现新想法和检验设计。原型的本质更倾向于一个 DEMO，它不需要有全部的功能，但要体现出设计对象的基本特性。

主要执行人员：UI 设计师、UE 设计师、需求部门。

需沟通人员：交互设计师、技术人员。

实现方式：原型图优化（见图 2-23 和图 2-24），落定设计规范。

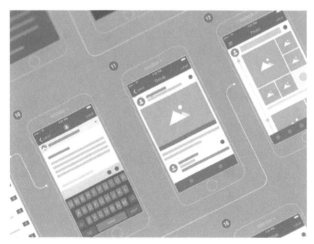

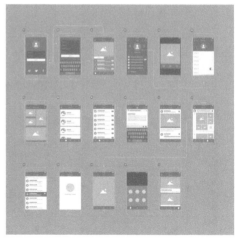

▲ 图 2-23　原型图局部效果　　　　　　　　　　　　　▲ 图 2-24　原型图整体效果

5. 界面设计阶段

目的：根据原型设计阶段的界面原型，对界面原型进行视觉效果的处理。该阶段确定整个界面的色调、风格、界面、窗口、图标、皮肤的表现。

主要执行人员：UI 设计师、UE 设计师、技术人员。

需沟通人员：UE 设计师、销售人员。

实现方式：UI 设计师根据原型图在专业软件中设计高保真界面（见图 2-25 和图 2-26）。

▲ 图 2-25　手机主题界面——pixel art（设计者：刘阳）　　▲ 图 2-26　手机主题界面——男人装（设计者：张晓婷）

6. 界面输出阶段

目的：UI 设计师对界面设计阶段的最后结果配合技术部门实现界面设计的实际效果。

主要执行人员：技术人员。

需沟通人员：UI 设计师、UE 设计师、需求部门、销售人员。

实现方式：技术人员根据 UI 设计师的高保真界面来开发产品，进行代码编制，实现具体功能。

7. 可用性测试阶段

目的：针对一致性测试、信息反馈测试、界面简洁性测试、界面美观度测试、用户动作性测试、行业标准测试。

主要执行人员：程序测试部门。

需沟通人员：UI 设计师、UE 设计师、技术人员、需求部门、销售人员

实现方式：测试（见图 2-27）。

▲ 图 2-27　有主持的远程测试

8. 完成工作阶段

目的：对于前面七个阶段的设计工作进行细节调整，可用性的循环研究、用户体验回馈、测试回馈、UI 设计师把可行性建议进行完善。

主要执行人员：UI 设计师、UE 设计师。

需沟通人员：技术人员、销售人员。

实现方式：UI 设计师根据测试结果进行最终界面的调整，最终完成界面的设计工作。

9. 产品上线

目的：检验前面界面设计的成果是否满足市场需求及用户群体，收集市场端对于产品的用户体验反馈，并记录成文字说明。

主要执行人员：销售人员。

实现方式：发布会（见图 2-28）、体验活动。

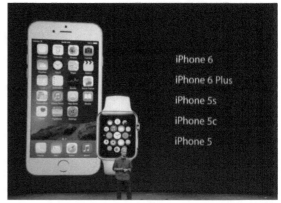

▲ 图 2-28　iPhone 6 及 iPhone 6 Plus 发布会

10. 分析报告及优化方案

目的：了解整个界面设计的优缺点，对于前九个阶段的界面设计进行系统且详细地整理，为下一次界面设计提供有力的市场及专业论据。

主要执行人员：UI 设计师、UE 设计师。

需沟通人员：技术人员、销售人员。

实现方式：分析报告、总结。

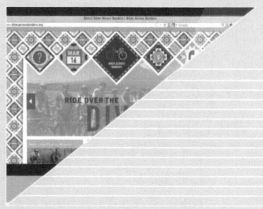

第 ③ 章 UI 界面设计原则与规范

本章介绍了 UI 界面设计的三大原则，即一致性、简洁性和人性化。同时还介绍了界面尺寸、适配规范和设计规范，通过对设计原则和规范的介绍让读者能更好地把握设计的前提。

UI 界面设计原则

随着技术的发展，时代潮流的变化以及大众审美的改变，UI 界面设计的方式日趋丰富，艺术表现手法也越来越多样化。然而，界面本身是需要承载一定的功能和需求的，人们在长期的界面设计过程中，总结出一些有用的法则，逐步成为 UI 界面设计所遵循的原则，从而实现更好地实现与用户沟通。

微课：3.1（UI界面设计原则）

3.1.1 一致性原则

一致性是最重要的原则之一，每个优秀的界面都具备这一特点。一致性的界面可以让用户对于如何操作有更好的理解，有利于减少用户的学习量和记忆量，用户可以把局部的经验和知识推广到其他应用场合，从而提升效率。具体来说，一致性包括：界面外观、操作次序、概念、语义、命令语法。

下面主要用界面外观和操作次序来介绍。

1. 界面外观

界面外观，具体而言就是要求界面风格与内容相一致，界面与界面之间的风格保持一致（见图 3-1）。具体来说，首先要注意色调保持一致，避免出现过多色调而让用户产生视觉混乱的感受（见图 3-2）；其次要注意艺术表现手法保持一致，从而让界面形成独特的艺术画面（见图 3-3）；再次要注意字体及颜色保持一致，避免一套主题出现过多字体；最后要注意界面结构保持一致，页面内元素对齐方式一致，如无特殊情况应避免同一页面出现多种数据对齐方式。

▲ 图 3-1　美国公益组织 Bikes Across Borders 计算机网站与其 APP 界面

▲ 图 3-2　Awesome Paper Airplanes 的 APP 界面　　▲ 图 3-3　Cloche 餐厅的 APP 界面

2. 操作次序

操作次序的一致性是指界面模块调用方式、交互反馈和右键操作等操作方式的一致性。其中，界面反馈十分重要。界面要始终保持和用户的沟通，不管用户的行为对错与否。要随时提示用户的行为，包括状态更改、出现错误或者异常信息。视觉提示或是简单文字提醒都能告诉用户的行为是否能够达到预期的结果。

3.1.2　简洁性原则

UI 设计界面是要让用户便于了解和使用，并能减少用户发生错误选择的可能性，简洁不仅是界面设计的美学原则，也是移动设备屏幕大小所要求的。因此，保持简洁十分重要，界面元素一定是简洁且有意义的。然而，要做到简洁并不是件容易的事，只有适度恰当地装饰设计，才会让用户觉得界面设计有细节。当设计元素在画面中高度统一和谐时，界面会让人感觉既简洁，也有丰富的细节（见图 3-4）。

▲ 图 3-4　CatShow 猫主题的 APP 界面

3.1.3 人性化原则

界面设计的人性化原则体现在很多方面。比如，语言界面中使用能反应用户本身的语言，而不是设计者的语言。了解用户需求、偏好、技能水平和体验，从用户习惯考虑，尊重用户的理解方式和操作习惯，使用户记忆负担最小化，保持界面轻松、友好的特点，都是以用户为中心的设计，也是界面设计人性化原则的体现（见图 3-5）。

▲ 图 3-5　Farmstand 分享农贸市场的 APP 界面

3.2　UI 界面设计规范

3.2.1 界面尺寸及适配规范

由于手机型号和品牌的不同，手机屏幕尺寸规格纷繁复杂。为了避免由于尺寸错误而导致显示不正常的情况发生，在进行具体设计之前，我们必须先详细了解设备尺寸的标准。目前，主流手机包括两大类：iOS 系统的 iPhone 手机和 Android 系统的各品牌手机。

手机屏幕的尺寸是以像素为单位，我们先了解一些相关的概念。

微课：3.2（UI界面设计规范）

1. 英寸（Inch）

英寸就是电子设备的长度单位。我们常说 14 英寸笔记本电脑，50 英寸纯平彩色电视机，这里的"14 英寸"和"50 英寸"是指屏幕对角线的长度，即屏幕尺寸指的是对角线长度（见图 3-6）。手机屏幕也沿用这个概念。很好理解，英寸数值越大手机屏幕就越大。所谓大屏幕手机通常是尺寸超过了 5 英寸的产品，屏幕看上去很大，可以更舒适地观看，这主要是针对智能手机游戏和视频功能而作出的改变。

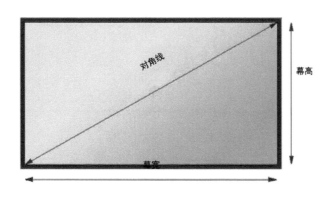

▲ 图 3-6　屏幕英寸的概念

2. 分辨率（Resolution）

分辨率是屏幕物理像素的总和。一般用屏宽像素数乘以屏高像素数来表示，比如 480px×800px，600px×1024px 等。像素（pixel，px）是数码显示上最小的单位。点（point）是一个真实尺寸的计算单位。在同一个屏幕尺寸，更高的 PPI（每英寸的像素数目），就能显示更多的像素。PPI 的数值越高，屏幕就越细腻，同时渲染的内容也会更清晰。DPI（每英寸点数）数值越高，则图片越细腻。

3. 界面和图标尺寸规范

目前，iOS 系统的 iPhone 手机和 Android 系统的品牌手机主导了手机市场。我们分别来看看这两种系统的手机屏幕尺寸。随着手机升级换代，屏幕尺寸也越来越大，PPI 值越来越高，屏幕显示越来越精细（见图 3-7~ 图 3-9）。

设备	分辨率	PPI	状态栏高度	导航栏高度	标签栏高度
iPhone6 plus设计版	1242×2208 px	401PPI	60px	132px	146px
iPhone6 plus放大版	1125×2001 px	401PPI	54px	132px	146px
iPhone6 plus物理版	1080×1920 px	401PPI	54px	132px	146px
iPhone6	750×1334 px	326PPI	40px	88px	98px
iPhone5 - 5C - 5S	640×1136 px	326PPI	40px	88px	98px
iPhone4 - 4S	640×960 px	326PPI	40px	88px	98px
iPhone & iPod Touch第一代、第二代、第三代	320×480 px	163PPI	20px	44px	49px

▲ 图 3-7　iPhone 界面尺寸（一）

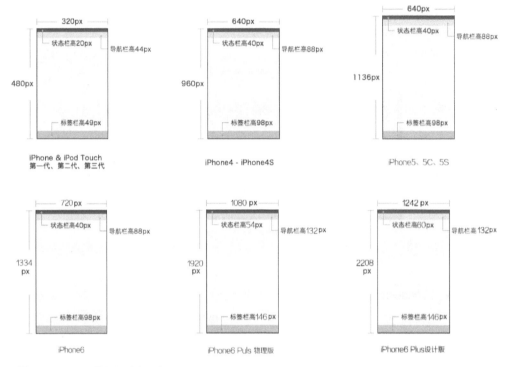

▲ 图 3-8　iPhone 界面尺寸（二）

屏幕大小	低密度（120）	中等密度（160）	高密度（240）	超高密度（320）
小屏幕	QVGA（240×320）		480×640	
普通屏幕	WQVGA400（240×400） WQVGA432（240×432）	HVGA（320×480）	WVGA800（480×800） WVGA854（480×854） 600×1024	640×960
大屏幕	WVGA800 *（480×800） WVGA854 *（480×854）	WVGA800 *（480×800） WVGA854 *（480×854） 600×1024		
超大屏幕	1024×600	1024×768 1280×768WXGA（1280×800）	1536×1152 1920×1152 1920×1200	2048×1536 2560×1600

▲ 图 3-9　Android 系统手机界面尺寸

　　图标尺寸是根据设备屏幕的尺寸和图标在界面中的类型来定义的（见图 3-10 和图 3-11）。

设备	App Store	程序应用	主屏幕	Spotlight搜索	标签栏	工具栏和导航栏
iPhone6 Plus (@3×)	1024×1024 px	180×180 px	114×114 px	87×87 px	75×75 px	66×66 px
iPhone6 (@2×)	1024×1024 px	120×120 px	114×114 px	58×58 px	75×75 px	44×44 px
iPhone5 - 5C - 5S (@2×)	1024×1024 px	120×120 px	114×114 px	58×58 px	75×75 px	44×44 px
iPhone4 - 4S (@2×)	1024×1024 px	120×120 px	114×114 px	58×58 px	75×75 px	44×44 px
iPhone & iPod Touch第一代、第二代、第三代	1024×1024 px	120×120 px	57×57 px	29×29 px	38×38 px	30×30 px

▲ 图 3-10　iPhone 手机图标尺寸

屏幕大小	启动图标	操作栏图标	上下文图标	系统通知图标(白色)	最细笔画
320×480 px	48×48 px	32×32 px	16×16 px	24×24 px	不小于2 px
480×800px 480×854px 540×960px	72×72 px	48×48 px	24×24 px	36×36 px	不小于3 px
720×1280 px	48×48 dp	32×32 dp	16×16 dp	24×24 dp	不小于2 dp
1080×1920 px	144×144 px	96×96 px	48×48 px	72×72 px	不小于6 px

▲ 图 3-11　Android 系统手机图标尺寸

3.2.2　iOS界面设计规范

iOS 界面设计建立在一套完备的设计规范之上。本节列举分析 iOS 界面的一些具有代表性的规范，以供我们更好地了解和学习。具体的规范参数细节，我们可以通过《iOS 人机界面指南》详细了解。

1. 布局规范

在布局中，我们先来了解一下 iOS 界面的自适应性。用户通常想随心所欲地使用自己喜欢的应用程序。在 iOS 界面中，用户可以使用不同分辨率和自动布局来帮助定义屏幕布局视图、视图控制器以及需要随显示环境改变的视图。iOS 界面定义了两个尺寸类别：常规尺寸和压缩尺寸。常规尺寸有着较易拓展的空间，而压缩尺寸约束了空间的使用。想要定义一种显示环境，需要定义横向和纵向尺寸类型，装载 iOS 系统的 iPhone 可以有横屏、竖屏两种不同的使用模式。iOS 界面能随着显示环境和尺寸类别变化而自动生成不同布局，因此，iPhone 的显示环境可根据不同的设备型号和不同的握持方向而改变。横屏时，iPhone 使用的是压缩高度和常规宽度类型，竖屏时，iPhone 使用的是常规高度和压缩宽度类型（见图 3-12）。

使用 iOS 界面自适应性来开发 UI，可以保证 UI 跟随显示环境变化而作出适当的响应。为保障良好的布局能与用户进行沟通，在进行 UI 设计时，让用户在所有环境下都保持对主体内容的专注，通过布局，告诉用户什么是最重要的，他们的选择是什么，以及交互和视觉是如何关联起来的，并且避免布局上不必要的变化，给每个互动的元素充足的空间，从而让用户容易操作这些内容和控件（见图 3-13），可以让用户在不同环境拥有良好体验。

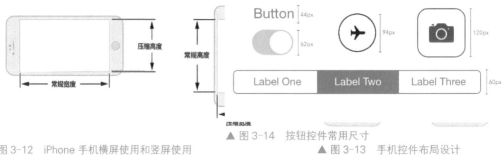

▲ 图 3-12　iPhone 手机横屏使用和竖屏使用　　　　　　▲ 图 3-14　按钮控件常用尺寸

　　　　　　　　　　　　　　　　　　　　　　　　　▲ 图 3-13　手机控件布局设计

2. 按钮与控件规范

　　在屏幕上，按钮的高度应当在 60px~120px 范围内，最佳高度为 88px。在极少数情况下，可以将文字内部的链接设定为 44px，但使用时要慎重，因为用户可能很难按得到。即便是纯文字按钮也应该有至少设定为 60px 的高度（见图 3-14）。文字大小不能小于 22px，最佳阅读字体大小为 32px。使用 120%~140% 的线高可提高阅读体验（见图 3-15）。

3. 图标使用规范

▲ 图 3-15　不同类别文字常用尺寸

　　图标不能含糊不清，应当明确表现出自身的作用。在可能的情况下，尽量使用文字辅助。如果已使用了的图标，那就一定不能在其他地方使用与当前图标类似的其他图标，否则会让用户看不懂。同样，不要使用"后退"或者"提交"这种指向性不明确的文字语言，而应尽可能明确细化，如"返回首页"或者"注册新账号"等。

　　每个应用都需要一个漂亮的图标。用户通常会在看到应用图标的时候便建立起对应用的第一印象，并以此评判应用的品质、作用以及可靠性。应用图标是整个应用品牌的重要组成部分。最好的应用图标是独特的、整洁的、打动人心的以及让人印象深刻的，并且在不同的背景以及不同的规格下都显得同样美观。但要注意，为了丰富大尺寸图标的质感而添加的细节有可能让图标在小尺寸时变得不清晰。

第 4 章　UI 设计艺术表现

本章主要内容为 UI 设计的艺术表现，具体包括 UI 视觉设计流程、视觉风格要素、UI 设计风格手法，以及 UI 色彩设计这四大模块知识，对文字、图形图像、色彩以及版式这些构成 UI 视觉风格的要素都进行了详细讲解。

4.1 UI 视觉设计流程

移动界面的视觉设计只占整个移动产品设计中的一小部分，移动产品开发流程我们在第 2 章已经详细讲述过了。在整个产品研发的过程中，会有很多人员参与进来，界面的视觉部分是展示在用户面前最直观的东西，也是整个移动产品设计和开发中最重要的环节之一。

在移动界面视觉设计流程中，包含三个阶段。

第一阶段：理解阶段。在这个阶段，设计师需要准确地理解用户的基础需求，掌握目标用户的人群特点和偏好，了解开发的技术难度以及局限性，并在技术可行的基础上准确地进行产品定位。这一阶段的工作主要是收集和整理。

第二阶段：探索阶段。具体来说，需要根据第一阶段的产品定位进行视觉设计方向的探索，关键词定位，构思界面的风格。对界面进行造型设计，规划出界面的布局，设计出界面组件；紧接着对界面的色彩进行定位，整合品牌要素。第二阶段是探索和落定基调元素。

第三阶段：应用阶段。这一阶段包括四项工作，分别为核心界面设计、控件库的输出、色彩使用规范的制定以及图形的输出格式。最后这一阶段是对基准元素的整合和输出（见图 4-1）。

下面，我们通过图例来详细了解 UI 视觉设计流程（见图 4-2）。

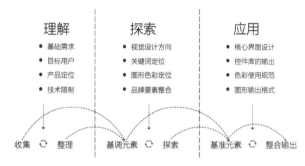

▲ 图 4-1　视觉设计流程

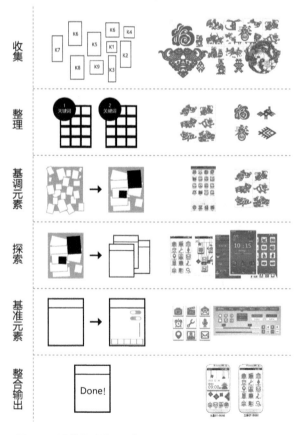

▲ 图 4-2　视觉设计流程图解

4.2 移动端 UI 视觉风格要素

　　UI 视觉风格的形成基于界面中的文字、图形、色彩等这些视觉要素。移动界面具有屏幕的尺寸较小，触屏的人机交互方式等特点，因而视觉风格构成要素不同于传统的网站界面。我们来具体谈谈这些视觉要素如何影响移动端 UI 视觉整体风格。

微课：4.2（移动端UI视觉要素）

4.2.1 文字

　　文字是信息传递的主要方式，从最初的纯文字界面发展至今，文字因其自身能实现高效精准的传播效果，使其仍是界面中其他任何元素无法取代的重要构成部分。移动界面中文字的主要功能是精准地传达各种信息，想要获得这种传达效果，必须做到精准编辑并有序编排文字，去繁就简，使用户易认、易懂、易读。

　　移动界面中的文字主要包括标题文字、控件文字和正文文字。

　　根据移动界面的具体情况，标题文字有所不同。如启动页中，标题文字通常也是界面的重要造型要素，它的字体、大小、色彩和排列对界面风格特点影响极大，我们要充分发挥字体的图形性、装饰性的特点，让字体的自身造型趣味得以表现，能丰富界面视觉效果，增加浏览者的阅读兴趣（见图 4-3~ 图 4-7）。

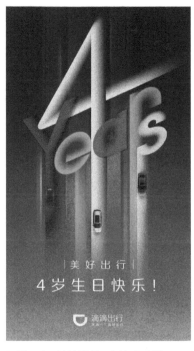

▲ 图 4-3　滴滴出行 4 周年启动页

▲ 图 4-4　滴滴出行 2016 端午节启动页

▲ 图 4-5　支付宝 2016 端午节启动页　　　▲ 图 4-6　招商银行启动页

（a）　　　　　　　　　（b）　　　　　　　　　（c）

▲ 图 4-7　百度糯米改版启动页

　　在界面中，标题文字通常会分为不同的层级，如一级标题、二级标题等。不同的标题应恰当使用不同大小、粗细的文字，以反映标题之间的层级关系，从而保持界面良好的阅读秩序（见图 4-8）。

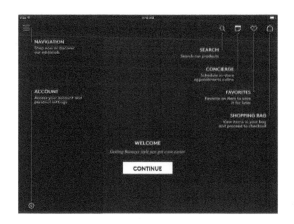

（a）

（b）

（c）

▲ 图 4-8　iPad 上所显示的 Barneys New York 购物应用界面

　　控件文字包括导航文字、菜单文字、按钮文字、滑块文字、输入框文字等。控件文字的主要功能是进行说明，设计控件文字时需要考虑文字与控件之间的大小比例关系，既要满足用户清晰阅读的功能，又要保证文字与控件搭配协调，实现界面控件视觉美观的效果（见图 4-9 和图 4-10）。

移动界面中，正文文字通常会以段落样式呈现。段落文本要处理好字间距与行间距的关系。通常情况下，字母间距小于字间距，字间距小于行间距，这是基于常规阅读时的文本字距与行距的基本规范。然而，由于移动界面屏幕较小，文本文字需要兼顾阅读舒适与屏幕文本容量两方面，既不能太紧凑，又不能太宽松。行距太紧凑，会让用户视线难以从行尾扫视到下一行首，造成阅读的不适。行距太宽松，会影响段落中文本阅读的连续性（见图 4-11）。

移动界面的段落文本对齐方式以左对齐最为理想。大脑对于行首的位置是有记忆性的，所以下一行的行首在同一位置有利于阅读的连续性。左对齐既能保障阅读的连续性，又能方便快捷地让用户找到下一行的行首位置。相比之下，居中对齐并不是合适的移动界面的段落对齐方式；而两端对齐则会产生字距之间留白不统一的问题，并且移动界面较窄的行宽会加重两端对齐的弊端，比如有时候会导致一行中只有几个字，相当不协调，所以两端对齐的文本在移动界面是难以阅读的（见图 4-12）。

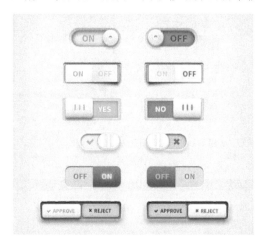

▲ 图 4-9　开关控件

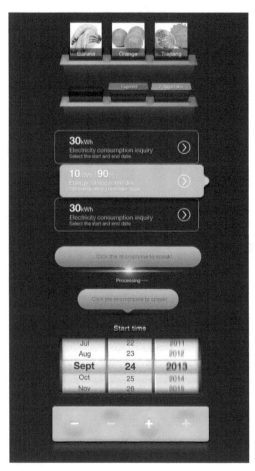

▲ 图 4-10　界面控件组

▲ 图 4-11　移动界面段落文本行距规范

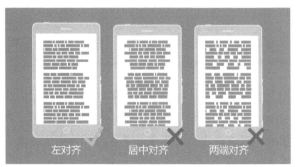

▲ 图 4-12　移动界面段落文本对齐规范

在计算机的桌面端我们可能会采用字号差异较大的文字组合，而移动端屏幕较小，容纳的文字也较少，同等的字号差异在小屏幕上的感受会被放大。原因是我们在使用这两种设备时的观看距离不同，我们的眼睛在观看计算机桌面端时离屏幕较远，在观看移动端时我们的眼睛离屏幕较近（见图 4-13），因此我们应该在移动端使用较小的字号反差（见图 4-14）。

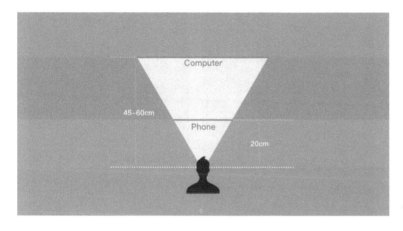

◀图 4-13　用户观看计算机桌面端和移动端时的距离差异

◀图 4-14　计算机桌面端与移动端标题文字与正文文字的字号反差

4.2.2　图形图像

图形图像是构成 UI 视觉风格的重要要素。移动界面中的图形包括图形图片、图形图标、图形控件等。图像主要是指界面中的摄影照片及广告图片。图形图像的引入既能成倍地扩充移动界面所提供的信息量，又能渲染主题和美化界面，从而使界面信息传达的方式变得更加直观和有趣（见图 4-15）。

图形图像的位置、面积、数量、形式、方向等直接关系到界面的视觉传达效果。在图形图像的设计和选择时，应考虑其在界面整体视觉画面的作用，力求做到统一、悦目、重点突出，实现画面和谐的效果（见图 4-16）。大面积的图版易表现感性诉求，展现朝气和真实感（见图 4-17）；小面积的图版给人以精致的感觉，使人视线集中（见图 4-18）；大小图片的搭配使用，可以产生视觉上的节奏变化和画面空间的变化（见图 4-19）。

▲ 图 4-15　QQ 浏览器 APP "2016　　▲ 图 4-16　虾米音乐 APP "圣诞节"　　▲ 图 4-17　美团外卖 APP "腊八节"
儿童节"启动页　　　　　　　　　　启动页　　　　　　　　　　　　　启动页

 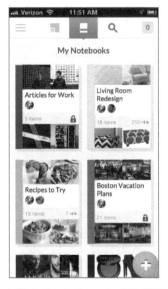

▲ 图 4-18　TwitBird 启动页　　　　　　▲ 图 4-19　Springpad　APP 界面

4.2.3　色彩

　　移动界面的色彩包括界面中的文字色彩、图片色彩、图标控件色彩以及界面的背景色和边框色彩等。色彩的适当选用能体现移动产品的外观形象，延伸移动产品的内涵形象。色彩作为 UI 视觉风格重要的构成要素，选用时既要符合色彩规律，又要体现界面的特色和个性（见图 4-20）。

(a) (b)

(c) (d)

▲ 图 4-20　企鹅出版社教育 APP 界面

4.2.4 版式

　　UI 版式即界面版面格式。UI 版式设计是在有限的屏幕空间内，根据移动产品主题的类型和要求，将文字、图形、图像、控件等视觉要素进行有机排列组合，使各种构成要素达到均衡、调和、对比、韵律等视觉效果，形成主题鲜明、个性独特的界面视觉风格。版面的构成是信息传播的桥梁，发挥版面元素中各自的特点和功能，会使整个版面从视觉到内容上更加完善和美观，从而更快、更准确地传递信息。

版式设计的常见布局有：骨骼型，满版型、上下分割型、左右分割型、中轴型、曲线型、倾斜型、对称型、重心型、三角型、自由型等。这些布局在平面设计中应用非常广泛，而移动界面的设计与平面设计最大的不同在于其功能性、可操作性和可交互性，版式的选择也是取决于产品的功能特性、目标用户、使用场景等因素。

移动界面按照其产品功能可以分为两大类：信息展示型界面和功能操作型界面。

1. 信息展示型界面

我们常见的以阅读和传递信息为主的界面有：新闻、天气、阅读、购物、音乐、食谱、健康类等 APP 的部分界面，另外还有引导页也是比较常见的以传递信息为主的页面。而这些 APP 又因为其不同的功能特点，界面的版式也有各自的特点。

（1）以浏览为主的界面。以浏览引导为主的界面在布局上会有一个明确的主线，而在常见的版式布局中，上下分割型、左右分割型、中轴型、曲线型等布局在图文的排版上对于用户会有一个潜在的引导提示，因此应用比较广泛（见图 4-21）。

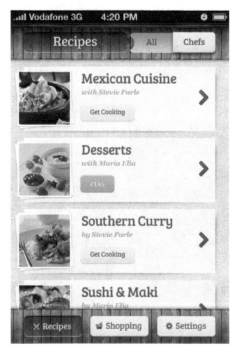

▲ 图 4-21　MEALKICK 烹饪学习 APP 界面

对于注重提高浏览效率为主的界面，通常界面中包含了较大的信息量，比较典型的是新闻、资讯以及图库类等 APP 的界面，在设计时可以借鉴骨骼型的版式。骨骼型版式是一种规范、理性的分割方法，在杂志排版中较为常见，比如竖向通栏、双栏、三栏、四栏等。通过图文的混合编排呈现理性而严谨的感觉，信息传递时更为快速、清晰（见图 4-22）。

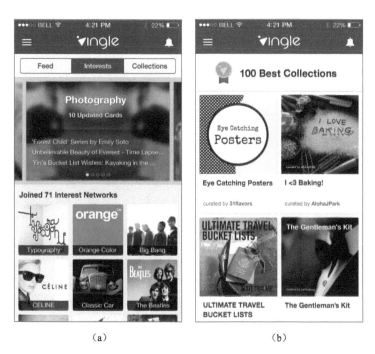

（a）　　　　　　　　　　　（b）

▲ 图 4-22　Vingle 新闻 APP 界面

（2）以品牌传递为主的界面。对于以品牌传递为主的界面，更适合采用满版型、重心型、自由型等布局样式。满版型是用图片充满整个版面，视觉效果直观而强烈。下面两个界面即采用了满版型的布局，利用全屏的图片和简洁的文案传递出产品的气质和理念，同时给人以大方、舒展的感觉（见图 4-23 和图 4-24）。

▲ 图 4-23　1 号店 APP "7 周年纪念" 启动页

▲ 图 4-24　滴滴出行 APP "4 周年纪念" 启动页

（3）以信息展示为主的界面。以信息展示为主的界面，比较常见的有天气类（见图 4-25）、记录型（见图 4-26）等 APP，这类 APP 界面更强调信息的直观性。在这类 APP 中应用较多的布局有满版型、上下分割、左右分割、中轴型、对称型、自由型等。

（a）　　　　　　　　　　　　　　　（b）

▲ 图 4-25　海滩天气预报 APP 界面

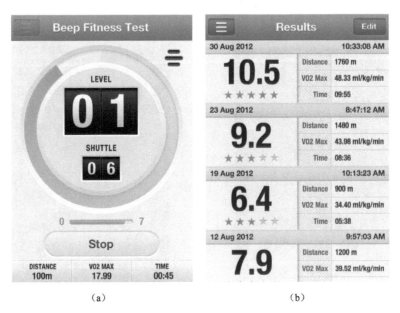

（a）　　　　　　　　　　　　　　　（b）

▲ 图 4-26　蜂鸣体能测试 APP 界面

2. 功能操作型界面

以功能操作为主的界面主要是引导用户操作，所以常见的布局主要有上下分割型、左右分割型、中轴型、满版型等（见图 4-27 和图 4-28）。

（a）

（b）

▲ 图 4-27　Google 搜索 APP 界面　　　▲ 图 4-28　Crayon Style APP 界面

4.3　UI 设计风格与手法

4.3.1　拟物化

拟物化设计是利用高光、纹理、材质、阴影或渐变等方式模拟现实物品的造型、质感，或是保留过去物品的某一特点的一种设计手法。拟物化设计是对真实事物的模仿，界面设计采用这种手法，可以唤醒用户以往的经验和记忆，从而预感产品的功能，使用户快速熟悉新的界面，最大限度减少认知障碍，快速领会使用界面的方法技巧。

拟物设计的成功与否取决于对用户日常生活经验的研究。比如，人们很自然地握住门把手开门或者很自然地按下电灯按钮，这些很自然的动作有很大一部分建立在人们以往的生活经验中。假如一款软件的界面与人们以往所熟知的事物建立了联系，势必会产生一条引导线索。由于拟物设计被唤醒的记忆正是

微课：4.3（UI设计风格与手法）

人们以往的经验，所以只有拟物设计处理得当才能产生适当的引导线索，进而帮助人们理解软件。

同时，具有带入感的拟物化界面能给人一种风格独特的视觉美感，具有较高的审美价值。

拟物化设计风格主导了移动界面很长一段时间。其代表界面包括：iOS7.0 以下版本、Android 系统的大部分 APP 界面。拟物化设计具有学习成本低，一学就会，传达人性化感情的优点，但如果处理不恰当的话，拟物设计也会产生限制功能本身的设计劣势。

我们来看一组拟物化设计手法的图标（见图 4-29）。

▲ 图 4-29　iPhone 上的拟物图标

iPad 应用产品 YAHOO Entertainment，主视觉以家庭影院的形式呈现给用户，皮质沙发和木制地板使画面更富有品质感，通过对场景的渲染，清晰地传达了产品的功能和用途。比如，散落在沙发上的综艺杂志和电影包装盒简单明了地告知栏目的内容。通过对现实生活中的映射可以让用户轻易掌握和了解产品的用途，免除学习和记忆的成本（见图 4-30）。

▲ 图 4-30　iPad 应用产品 YAHOO Entertainment 界面

LOMO 是一款 iPhone 手机照相软件，它提供了不同的相机和镜头供用户选择。LOMO 的界面通过夸张艳丽的色彩，以及不同程度的暗角、模糊、曝光过度带给人视觉上的冲击，表现出与众不同的 LOMO 风格。作为一款照相软件 LOMO 在拍摄时的界面模拟了相机的构造。常用的功能排布方式与真实相机相似，直观明了。LOMO 的拟物化界面在满足用户拍摄需求的同时，又让用户享受到了拍摄的乐趣（见图 4-31）。

（a）　　　　　　　　　　　　　　　　　　　（b）

▲ 图 4-31　LOMO 界面

在移动应用产品 AmpliTube 的界面中，设计师通过对调音台及录制设备进行形象化质感提炼，使产品更具专业感，更易于被用户所接受（见图 4-32）。

（a）　　　　　　　　　　（b）　　　　　　　　　　（c）

▲ 图 4-32　AmpliTube 界面

4.3.2 扁平化

扁平化设计（Flat Design），这个概念在 2008 年由 Google 公司提出。扁平化概念的核心意义是：去除冗余、厚重和繁杂的装饰效果。在界面设计中具体表现在去掉了多余的透视、纹理、渐变以及能做出 3D 效果的元素，这样可以让"信息"本身重新作为核心被凸显出来，同时在设计元素上，扁平化界面强调了抽象、极简和符号化。

扁平化设计，尤其是移动界面直接体现在"更少的按钮和选项"，这样使得界面变得更加干净整齐，使用起来格外简洁，从而带给用户更加良好的操作体验。其中微软公司的 Metro UI 界面就是一个最典型的例子。Metro UI 界面可以更加简单直接地将信息和事物的工作方式展示出来，所以可以有效减少认知障碍的产生。扁平化设计，在移动系统上不仅界面美观、简洁，而且还能达到降低功耗、延长待机时间和提高运算速度的效果。其代表界面包括：iOS7.0 及以上操作系统，微软公司的 Metro UI 界面，Windows Phone 8 操作系统，Windows 8 操作系统。

扁平化设计具有界面和交互简约，信息更直观，信息量更大的优势，但是处理不好的话，界面也会产生传达的感情不丰富，甚至过于冰冷的劣势。

我们再来看一组扁平化设计的人物图标（见图 4-33）。

▲ 图 4-33 扁平化人物图标

扁平化设计手法在当前 UI 界面中十分流行（见图 4-34）。

（a）

（b）

▲ 图 4-34　扁平化界面

4.3.3　Material Design

Material Design，中文名为原质化设计（或材料设计），是由 Google 公司推出了全新的视觉设计语言。Material Design 有一套完备且细致入微的设计规范。Material Design 的核心思想，就是把物理世界的体验带进屏幕。去掉现实中的杂质和随机性，保留其最原始纯净的形态、空间关系、变化与过渡，配合虚拟世界的灵活特性，还原最贴近真实的体验，达到简洁与直观的效果。

Material Design 中，最重要的信息载体就是魔法纸片。纸片层叠、合并、分离，拥有现实中的厚度、惯性和反馈，同时拥有液体的一些特性，能够自由伸展变形。Material Design 不再让界面元素处于同一个平面，而是让它们按照规则处于空间当中，具备不同的维度（见图 4-35 和图 4-36）。Material Design 引入了 z 轴的概念，z 轴垂直于屏幕，用来表现元素的层叠关系（见图 4-37）。z 轴上的数值（海拔高度）越高，元素离界面底层（水平面）越远，投影越重。这里有一个前提，所有的元素的厚度都是 1dp，Material Design 中元素阴影与 z 轴层次深度的关系见图 4-38。相对于拟物化利用视觉和交互方式在设计上模拟实物，Material Design 则更为抽象，它更关心质感、层次、深度以及与其他物体的叠放逻辑。Material Design 的阴影比苹果拟物化时代的高光阴影用的更轻，但比起纯扁平设计又显得更拟物化（见图 4-39~ 图 4-41）。

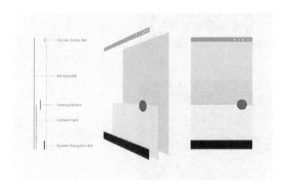

▲ 图 4-35　元素的空间层级（一）

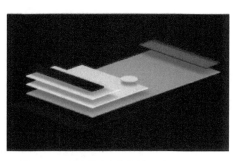

▲ 图 4-36　元素的空间层级（二）

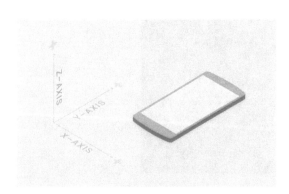

▲ 图 4-37　Material Design 中的坐标轴

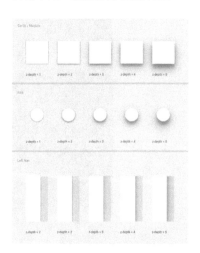

▲ 图 4-38　Material Design 中元素阴影与 z 轴层级深度的关系

▲ 图 4-39　采用 Material Design 的效果图

Google Maps

▲ 图 4-40　谷歌地图图标 Material Design 效果

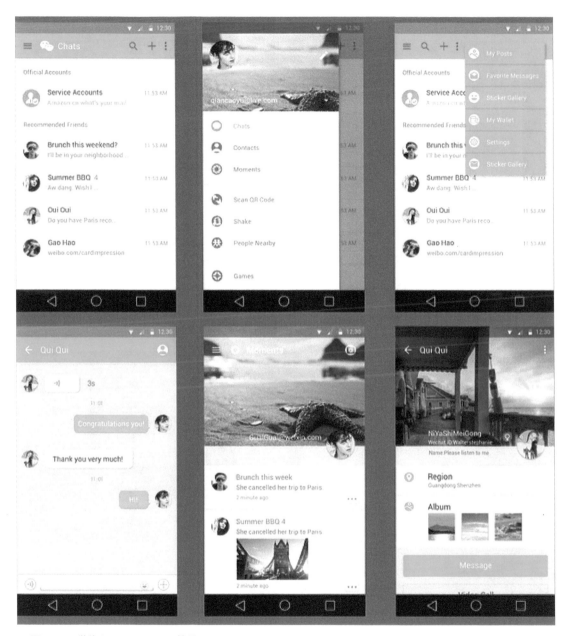

▲ 图 4-41 微信 Material Design 效果

4.3.4 绘画风格

移动界面设计中采用绘画元素也是常见的表现手法之一。绘画表现方式具有多样性，如线描、素描、水彩、油画、水墨等都属于绘画表现语言。绘画表现的艺术性也因其材料和手法的不同而各具特色。不同的绘画表现方式会产生不同的风格和情感，绘画手法因其艺术性更容易引起用户的情感共鸣（见图 4-42~ 图 4-45）。

▲ 图 4-42　每日故宫 APP 界面

（a）

▲ 图 4-43　echo APP "2016 重阳节"主题启
动闪屏

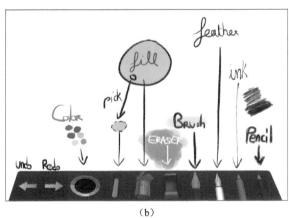

（b）

▲ 图 4-44　Paperless 绘画 APP 界面

▲ 图 4-44　Paperless 绘画 APP 界面（续）

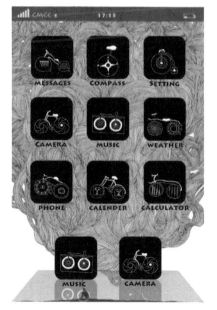

▲ 图 4-45　手机界面设计（作者：孙雨馨）

4.3.5　摄影风格

在界面中使用摄影图片来提高界面的视觉吸引力逐渐成为一种潮流。照片元素具有十分直观强烈的逼真感，更容易体现真实性和客观性，摄影作品具有一种真实的力量，视觉冲击力强。在移动界面中，使用整张照片充满整个屏幕来充当背景的方式越来越常见。但需要注意摄影照片与界面上的其他视觉元素的融合度，要把握好拍摄质量和气氛（见图 4-46~图 4-48）。

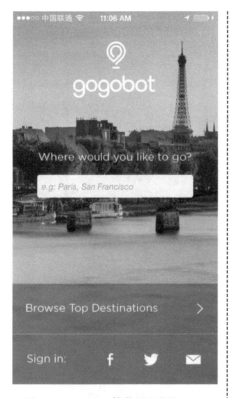

▲ 图 4-46　gogobot 旅游 APP 界面

（a）

（b）

（c）

▲ 图 4-47　iPad 中国家地理 APP 界面

▲ 图 4-48　日本料理美食 APP 界面

　　以上我们介绍了界面设计中常用的五种设计风格和手法，UI 设计不应该局限于某种手法或风格，优秀的 UI 设计应该是根据产品的需要来选择合适的方式。某些时候，我们可以将多种手法进行融合创作，也许会得到很多意想不到的视觉效果，创作出具有独特个性风格的界面。例如，韩国官方旅游 APP 界面（见图 4-49）选用了摄影图片作为视觉形象主体，主图标则采用了拟物化设计手法，而位于界面底部的五个图标采用了扁平化的风格。这款 APP 的界面中虽然采取了多种设计手法，但界面整体让用户体验到了风格独特且设计感十足的视觉效果。在界面设计中，有效利用不同设计手法的独特语言，能有助于划分界面信息内容，形成特色鲜明的界面风格，让用户获得良好的使用体验并留下深刻的印象（见图 4-50 和图 4-51）。

（a）　　　　　　　　　　　（b）

▲ 图 4-49　韩国官方旅游 APP 界面

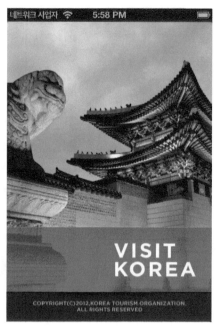

（c）　　　　　　　　　　　（d）

▲ 图 4-49　韩国官方旅游 APP 界面（续）

（a）　　　　　　　　　　　（b）

▲ 图 4-50　农产品销售 APP 界面

（a）

（b）

（c）

（d）

▲ 图 4-51 故宫博物院 APP 界面

4.4 UI 色彩设计

4.4.1 色彩基础知识

1. 色彩三要素

色彩三要素是指色彩可用的色相、饱和度（纯度）和明度。人眼看到的任一色彩都是这三种特性的综合效果，其中色相与光波的波长有直接关系，亮度和饱和度与光波的幅度有关。

（1）色相。色彩是由于物体上的物理性的光反射到人眼视神经上所产生的感觉。色的不同是由光的波长的长短差别所决定的。而色相，指的是这些不同波长的色。波长最长的是红色，最短的是紫色。红、橙、黄、绿、蓝、紫和处在它们各自之间的红橙、黄橙、黄绿、蓝绿、蓝紫、红紫这 6 种中间色——共计 12 种色称为色相环。在色相环上排列的色是纯度高的色，被称为纯色。这些色在环上的位置是根据视觉和感觉的相等间隔来进行安排的。用类似的方法还可以再分出差别细微的多种色来。在色相环上，若其中两种色关于环中心对称，处于 180°的相对位置，则这两种色被称为互补色（见图 4-52）。

微课：4.4（UI色彩设计）

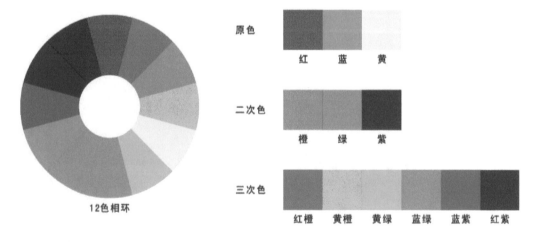

▲ 图 4-52　12 色相环

（2）饱和度。在介绍饱和度之前我们先来了解一下彩度，彩度指的是用数值表示色的鲜艳或鲜明的程度。有彩色的各种色都具有彩度值，无彩色的色的彩度值为 0，对于有彩色的色的彩度的高低，区别方法是根据这种色中含灰色的程度来计算的。彩度由于色相的不同而不同，而且即使是相同的色相，因为明度的不同，彩度也会随之变化的。

饱和度可定义为彩度除以明度，与彩度同样表征彩色偏离同亮度灰色的程度。饱和度是指色彩的鲜艳程度，也称色彩的纯度。饱和度取决于该色中含色成分和消色成分（灰色）的比例。含色成分越大，饱和度越大；消色成分越大，饱和度越小。纯的颜色都是高度饱和的，如鲜红、鲜绿。混杂上白色、灰色或其他色调的颜色，是不饱和的颜色，如绛紫、粉红、黄褐等。完全不饱和的颜色根本没有色调，如黑白之间的各种灰色。

（3）明度。表示色所具有的亮度和暗度被称为明度。计算明度的基准是灰度测试卡，黑色为 0，白色为 10，在 0~10 之间等间隔的排列为 9 个阶段。色彩可以分为有彩色和无彩色，但后者仍然存在着明度。作为有彩色，每种色各自的亮度、暗度在灰度测试卡上都具有相应的位置值。彩度高的色对明度有很大的影响，不太容易辨别。在明亮的地方鉴别色的明度比较容易，在暗的地方就难以鉴别。

2. 色彩模式

在进行 UI 色彩设计之前，我们首先得了解屏幕显色原理和色彩模式。UI 色彩的呈现依赖于我们的手机或平板移动终端电子屏幕。电子显示屏利用红（R）、绿（G）、蓝（B）色光三原色的加色原理来呈现色彩。而我们传统的印刷色彩是通过青（C）、品（M）、黄（Y）色料三原色，外加黑（K）的减色法来调配色彩。由于成色原理的不同，决定了显示器、投影仪、手机屏幕这类靠色光直接合成的颜色设备和打印机、印刷机这类靠使用颜料的印刷设备在生成颜色方式上的区别。因此，我们需要靠色彩模式的统一来适配不同的色彩输出设备。

（1）RGB 色彩模式。RGB 色彩模式是通过对红、绿、蓝三个颜色通道的变化以及它们之间相互的叠加来得到各式各样的颜色的（见图 4-53）。RGB 即是代表红、绿、蓝三个通道的颜色。RGB 色彩模式是目前运用最广的颜色系统之一。例如，电脑的显示器、手机的屏幕都是基于 RGB 色彩模式来创建其颜色的。因此，我们进行 UI 设计时会选用 RGB 色彩模式。

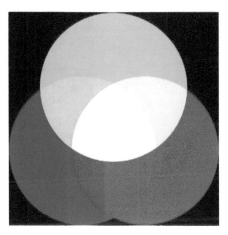

▲ 图 4-53　色光三原色加色混合

（2）CMYK 色彩模式。CMYK 色彩模式是一种印刷模式。其中四个字母分别指青（Cyan）、品红（Magenta）、黄（Yellow）、黑（Black），在印刷中代表四种颜色的油墨。CMYK 色彩模式与 RGB 色彩模式产生色彩的原理不同，在 RGB 色彩模式中由光源发出的色光混合生成颜色，而在 CMYK 色彩模式中由光线照到有不同比例青、品红、黄、黑油墨的纸上，部分光谱被吸收后，反射到人眼的光产生颜色。由于青、品红、黄、黑在混合成色时，随着青、品红、黄、黑四种成分的增多，反射到人眼的光会越来越少，光线的亮度会越来越低，所以 CMYK 色彩模式产生颜色的方法又被称为色光减色法（见图 4-54）。因此，我们在做印刷品设计时会采用 CMYK 色彩模式。

▲ 图 4-54 色料三原色减色混合

（3）HSB 颜色模式。从心理学的角度来看，颜色有三个要素：色相（Hue）、饱和度（Saturation）和亮度（Brightness）。HSB 色彩模式便是基于人对颜色的心理感受的一种颜色模式。它是由红、绿、蓝三原色转换为 Lab 模式，再在 Lab 模式的基础上考虑了人对颜色的心理感受这一因素而转换成的。因此这种颜色模式比较符合人的视觉感受，让人觉得更加直观一些。它可由底与底对接的两个圆锥体立体模型来表示，其中轴向表示亮度，自上而下由白变黑；径向表示色饱和度，自内向外逐渐变高；而圆周方向，则表示色调的变化，形成色环（见图 4-55）。

（4）灰度模式。灰度模式可以使用多达 256 级灰度来表现图像，使图像的过渡更平滑细腻。灰度图像的每个像素有一个介于 0（黑色）~255（白色）之间的灰度值。灰度值也可以用黑色油墨覆盖的百分比来表示（0% 等于白色，100% 等于黑色）。使用灰度扫描仪产生的图像常以灰度模式显示（见图 4-56）。

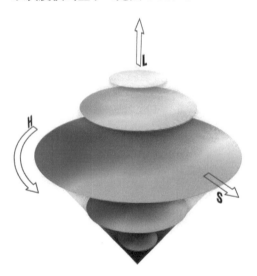

▲ 图 4-55 HSB 色彩模式

▲ 图 4-56 灰度模式下的图像

4.4.2 UI色彩设计技巧

色彩是 UI 设计中重要的设计要素之一，优秀的色彩搭配往往能使界面更具吸引力，让界面从视觉上给用户带来良好的体验。在 UI 设计中，色彩的多样性使得其配色方案众多，如何让色彩搭配更为契合 UI 设计的主题，我们可以运用以下这些色彩设计技巧。

（1）把握色彩的大小位置关系。大块的色彩在烘托气氛与主题方面作用较为明显，而小块的色彩则常用于点缀，起到丰富画面的作用。此外，利用色彩大小关系能够区分功能的主次关系，对界面视觉层次的建立十分重要。

（2）利用色彩形成界面的节奏感。想要让界面变得更有节奏感与舒适性，可以运用相似性去进行色彩呼应，通过颜色的渐变穿插，让界面色彩寻求一种平衡。除此之外，还可以利用补色对比，形成界面节奏感，以此让用户聚焦在主要功能上。

（3）巧妙呼应色彩形成秩序感。在色彩搭配问题上，不仅仅是聚焦用户的注意力，还要讲究色彩的呼应性，同类色彩就会彼此呼应，从而使得界面建立秩序感。在同一视觉系统中，不同的界面采用统一标准色，能给用户一种非常统一的视觉印象，让用户一目了然，记忆深刻。

总的来说，UI 色彩的搭配需要长期的实践，巧妙运用色彩设计技巧能帮助我们更好地进行 UI 色彩设计。

4.4.3　UI色彩搭配方式

1. 同色系配色

同色系配色是指主色和辅色都在同一色相上，这种配色方法往往会给人以 UI 界面一致化的感受。例如，苏格兰皇家银行 APP 界面整体采用蓝色设计，颜色的深浅分别承载不同类型的内容信息，颜色主导着信息层次，也保持了的品牌形象（见图 4-57），强化了给予用户的一致化感受。

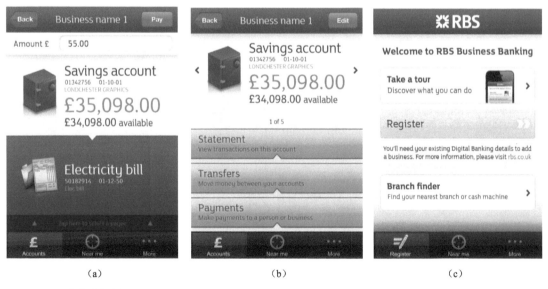

（a）　　　　　　　　　　（b）　　　　　　　　　　（c）

▲ 图 4-57　苏格兰皇家银行 APP 界面

2. 邻近色配色

所谓邻近色是指色相环中相距 90° 的色彩，如：红色与黄橙色、蓝色与黄绿色等。邻近色具有色相彼此近似，冷暖性质一致的特点。邻近色配色方法比较常见，搭配比同色系稍微丰富，色相过渡柔和，画面具有和谐感。比如，南苏格兰电力 APP 界面中的控件和文本采用了蓝绿邻近色（见图 4-58），这一色彩配色方案吻合企业标志的蓝绿标准色（见图 4-59）。

▲ 图 4-58 南苏格兰电力 APP 界面

▲ 图 4-59 南苏格兰企业标志

3. 类似色配色

▲ 图 4-60 玛莎的日常 APP 界面

所谓类似色，又称相似色，是指在色相环中处于 90°内相邻的颜色，比如，红—红橙—橙、黄—黄绿—绿、青—青紫—紫等均为类似色。类似色配色也是常用的配色方法，类似色对比不强烈，因而能给人协调、平和的感觉。例如，玛莎的日常 APP 界面，其导航控件、按钮和图标的色彩选用了与摄影对象类似的红橙色，画面搭配十分协调统一（见图 4-60）。

4. 对比色配色

所谓对比色是指在色相环上相距 120°~180° 之间的颜色。在色相环中每一个颜色对面（180°对角）的颜色，称为互补色，也是对比最强的色组。如：红与绿，紫与黄，橙与蓝互为互补色。色彩的对比包括色相对比、明度对比、饱和度对比、冷暖对比、补色对比等。对比是构成明显色彩效果的重要手段，也是赋予色彩以表现力的重要方法（见图 4-61）。采用对比色配色时，需要精准地控制色彩搭配和面积，其中主导色会带动界面气氛，产生激烈的心理感受（见图 4-62）。

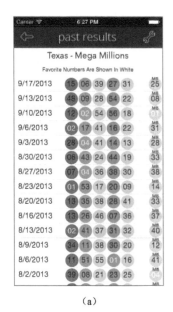
（a）

（b）

（c）

▲ 图 4-61　LottoNumbers 彩票 APP 界面

（a）

（b）

▲ 图 4-62　我爱博尔德社交 APP 界面

5. 中性色配色

黑色、白色及由黑白调和的各种深浅不同的灰色系列，称为无彩色系，也称为中性色。中性色不属于冷色调也不属于暖色调。黑白灰是常用到的三大中性色。用一些中性的色彩作为基调，搭配彩色，能够很好地形成对比，突出信息内容。这种配色方式比较通用，非常经典。例如，**Bus O'Clock** 公交时钟旅行 **APP** 的界面采用黑色为主基调色，界面中的按钮、标志、主体图形选用了活泼的有彩色系，这样与黑色背景形成鲜明的对比，这种搭配方式使界面具有较强的视觉冲击力（见图 4-63）。

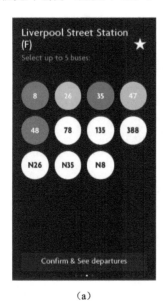  

（a） （b） （c）

▲ 图 4-63　Bus O'Clock 公交时钟旅行 APP 界面

Ridejoy 是一款搭车社区应用程序，其界面选用浅灰色作为底色，在不同的界面上，彩色的按钮及模块与浅灰底色形成经典的搭配（见图 4-64）。

 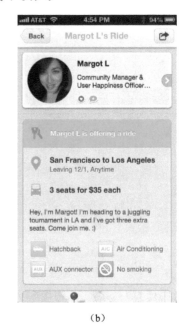

（a） （b）

▲ 图 4-64　Ridejoy 搭车社区 APP 界面

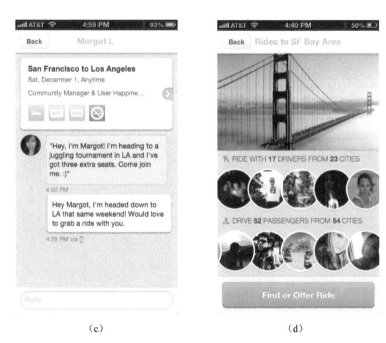

（c）　　　　　　　　　　　　（d）

▲ 图 4-64　Ridejoy 搭车社区 APP 界面（续）

6. 主导色调配色

　　主导色调配色是由同一色调构成的统一性配色。深色调和暗色调等类似色调搭配也可以形成同样的配色效果。即使出现多种色相，只要保持色调一致，画面也能呈现整体统一性。根据色彩的情感，不同的色调会给人不同的感受。Ving 租船订船 APP 界面主要采用了明亮色调（见图 4-65）。

（a）　　　　　　　　　　　　（b）

▲ 图 4-65　Ving 租船订舱 APP 界面

(c)

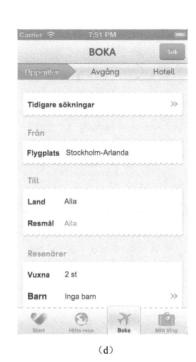
(d)

▲ 图 4-65　Ving 租船订舱 APP 界面（续）

　　深暗的色调渲染场景氛围，比如 MixBit 视频编辑 APP 界面，通过不同色相的色彩变化来丰富信息分类，同时降低色彩饱和度使各色块协调并融入场景，最后配以清晰的摄影照片作为信息载体呈现（见图 4-66）。

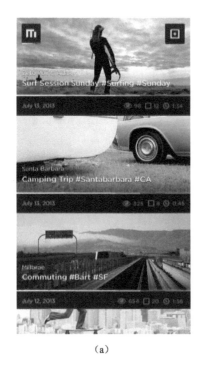
（a）

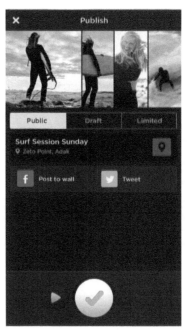
（b）

▲ 图 4-66　MixBit 视频编辑 APP 界面

（c）　　　　　　　　　　（d）

▲ 图 4-66　MixBit 视频编辑 APP 界面（续）

　　而 Shade 天气 APP 界面采用柔和的雅白色调，使界面显得明快温暖，同时，其界面中不同的颜色作为不同模块的信息分类，并不会抢主体的重点，反而还能衬托出每页的内容信息（见图 4-67）。

（a）　　　　　　　　　　（b）

▲ 图 4-67　Shade 天气 APP 界面

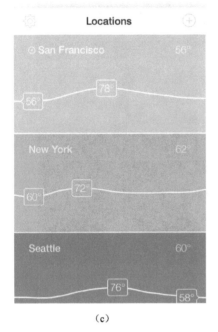

Glance at the upcoming
weather in different locations

Take a look ahead and get a
general overview of the next 7 days

（c）

（d）

▲ 图 4-67　Shade 天气 APP 界面（续）

第 5 章　　UI 元素设计

本章详细阐述了图标设计和控件设计，包括图标的概念、尺寸、类型、设计手法和设计过程。同时，对按钮、导航、表单、滑动条等常见控件的设计也进行了案例分析，让学生对 UI 局部设计进行深入学习。

图标设计

5.1.1 图标概述

图标是移动 UI 中重要的组成元素之一。图标是具有明确指代含义的计算机图形，英文为"Icon"。"Icon"这个词语来自希腊语"Elkon"，意思是图像。Charles S. Pierce 对图标一词进行了符号学的定义：图标是它所代表事物抽象化或简单化后的符号。一个图标是一个图形符号，代表一个文件、程序、网页或命令。图标有助于用户快速执行命令和打开程序文件，图标也用于在浏览器中快速展现内容。究其本质而言，图标承担了一个复杂过程简单化进程中的接口作用。在界面中，所有使用相同扩展名的文件具有相同的图标。

微课：5.1（图标设计）

5.1.2 图标尺寸与类型

移动界面图标尺寸是根据移动设备的屏幕尺寸而变化的。此外，图标还会由于图标类型的不同，使得尺寸也会有差异。目前，移动设备有 iOS 和 Android 这两种主流操作系统，不同的系统中，图标的尺寸也会随着屏幕的变化而变化（见图 5-1 与图 5-2）。

设备	App Store	程序应用	主屏幕	Spotlight搜索	标签栏	工具栏和导航栏
iPhone6 Plus (@3×)	1024×1024 px	180×180 px	114×114 px	87×87 px	75×75 px	66×66 px
iPhone6 (@2×)	1024×1024 px	120×120 px	114×114 px	58×58 px	75×75 px	44×44 px
iPhone5 - 5C - 5S (@2×)	1024×1024 px	120×120 px	114×114 px	58×58 px	75×75 px	44×44 px
iPhone4 - 4S (@2×)	1024×1024 px	120×120 px	114×114 px	58×58 px	75×75 px	44×44 px
iPhone & iPod Touch第一代、第二代、第三代	1024×1024 px	120×120 px	57×57 px	29×29 px	38×38 px	30×30 px

▲ 图 5-1　iOS 系统图标尺寸

屏幕大小	启动图标	操作栏图标	上下文图标	系统通知图标(白色)	最细笔画
320×480 px	48×48 px	32×32 px	16×16 px	24×24 px	不小于2 px
480×800px 480×854px 540×960px	72×72 px	48×48 px	24×24 px	36×36 px	不小于3 px
720×1280 px	48×48 dp	32×32 dp	16×16 dp	24×24 dp	不小于2 dp
1080×1920 px	144×144 px	96×96 px	48×48 px	72×72 px	不小于6 px

▲ 图 5-2　Android 系统图标尺寸

图标按功能分类，通常可以分为应用程序图标、工具图标、文件图标、系统图标。

应用程序图标是应用软件的图形符号，它是在界面中能够被用户任意移动，点击则执行命令的图标（见图 5-3）。工具图标指的是那些位于工具栏，通过点击选择工具，然后在界面可以进一步执行命令的图标。工具图标是界面工具其功能的代表（见图 5-4）。文件图标通常是代表一个文件，不同的图标代表不同的文件类型（见图 5-5）。系统图标是在操作系统中具有某些特定功能的图标（见图 5-6）。

▲ 图 5-3　应用程序图标

▲ 图 5-4　工具图标

▲ 图 5-5　文件图标

▲ 图 5-6　Windows10 操作系统的系统图标

5.1.3　图标隐喻设计

隐喻本属于语言学的范畴，是一种修辞手法。修辞学中把两个事物内在特征上存在某一类似之处，而用其中一个事物来指代另一个事物的修辞方式叫作隐喻。在图标设计中，隐喻设计是将复杂抽象的概念简单化、具体化，用人们所熟知的生活中的具体事物作为图标元素来表达，方便用户更快地理解图标的涵义，避免误操作，提高工作效率。隐喻性图标简化了用户对抽象概念的认知过程，不仅可以提高图标的识别度，还能给用户带来轻松愉悦的用户体验。

在图标隐喻设计中，功能隐喻是最常见的手法。功能隐喻是用隐喻的手法暗示某些功能或显示某种状态，让它们更好辨认，降低用户认知成本。隐喻手法在图标设计中运用由来已久。1993 年面世的 Windows 3.11 操作系统的界面中，其图标就采用了这一手法，"桌面"图标选用了实体桌面上常见的物体形象——铅笔、纸张、文件夹、眼镜来构成；"声音"图标设计成音符和耳朵的图形集合；"红心接龙"游戏采用了四颗心的图形，黑桃上的眼睛虽然仅有几个像素，但却是点睛之笔（见图 5-7）。在 1996 年发布的 OS/2 Warp 4 操作系统界面中，3D 图标出现了，随后 3D 慢慢变成了主流，与现在的图标不同，那时候图标还只是 16 色的（见图 5-8）。

Desktop　　　　Sound　　　　Hearts　　　　Desktop　　　Applications　　Trash Can

▲ 图 5-7　Windows 3.11 操作系统界面的图标　　　▲ 图 5-8　OS/2 Warp 4 操作系统界面的图标

Automator 是苹果公司为他们的 Mac OS X 操作系统开发的一款软件。这款软件只要通过点击和拖曳鼠标指针等操作就可以将一系列动作组合成一个工作流，从而帮助用户自动地完成一些复杂的工作。Automator 的图标放弃了鼠标指针、按钮之类的元素来表现图标，而是设计了一款机器人小助手的形象来作为图标图形，这个机器人小助手能更好地帮用户理解软件的实际用途（见图 5-9）。

Roxio Toast 是 Mac OSX 操作系统上的刻录软件。RoxioToast 中文直译为烤面包机，它的图标远比同类软件使用的激光符号更容易理解。图 5-10 是 Roxio Toast 7 的图标，其图标随着版本更新也一直在改变。

Front Row 是 Mac OS X 操作系统中的原生播放器。图标使用椅子的形象，这样不但清晰地表明了软件的用途，而且还反映了软件使用过程中的精髓部分：舒服地坐着，然后好好地享受视听盛宴吧（见图 5-11）！但是一般来讲，多媒体播放器比较难用单一的隐喻来表示。

Automator　　　　　　Toast Titanium　　　　　　Front Row

▲ 图 5-9　Automator 图标——　　▲ 图 5-10　Roxio Toast7 图标　　▲ 图 5-11　Front Row 图标
机器人小助手

5.1.4　图标设计过程

　　图标设计的过程包括：构思风格、设计造型、颜色定位、细节整合这四个阶段（见图 5-12）。图标设计过程中，草图的绘制能帮助设计过程更顺利地完成。草图完成后，设计师就会运用电脑软件来将草图加工为电子稿（见图 5-13）。要完成这一过程，设计师需要熟练掌握电脑绘图软件，这是顺利完成电子稿的前提。图 5-14 是 360 安全卫士图标实现过程的一个教程案例。

　　图标的风格是根据界面的整体视觉风格来确定的。在第 4 章 "UI 设计艺术表现" 中，我们曾谈到 UI 设计风格，其实图标的风格也具有相似性。其中拟物化（见图 5-15）、扁平化（见图 5-16 和图 5-17）和绘画风格（见图 5-18 和图 5-19）是最常见的图标风格。

构思风格　　　　　设计造型　　　　　颜色定位　　　　　细节整合

▲ 图 5-12　图标设计过程

（a）

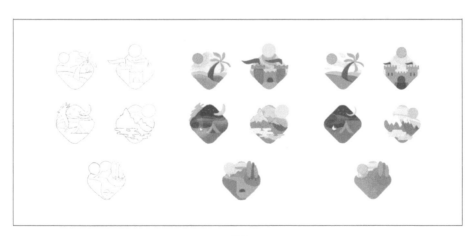

（b）

▲ 图 5-13　图标草图与电子稿

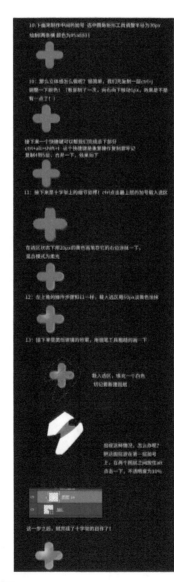

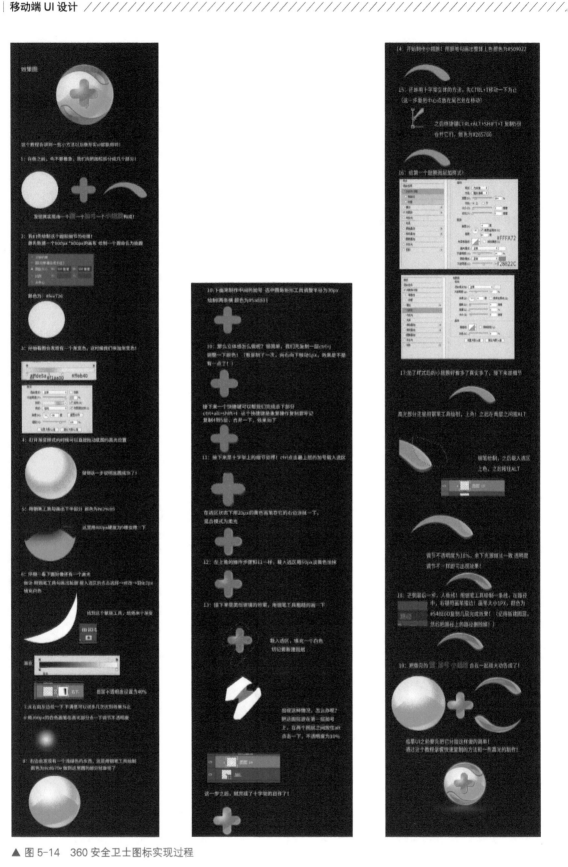

▲ 图 5-14　360 安全卫士图标实现过程

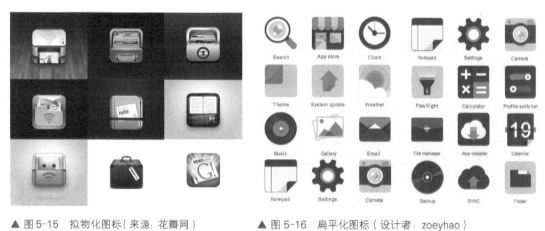

▲ 图 5-15　拟物化图标（来源：花瓣网）

▲ 图 5-16　扁平化图标（设计者：zoeyhao）

▲ 图 5-17　扁平化图标（设计者：魏杰）

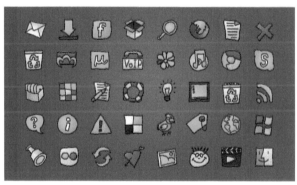

▲ 图 5-18　绘画风格图标（设计者：Anna Shlyapnikova）

▲ 图 5-19　绘画风格图标（来源：顶尖设计）

5.2 UI 控件设计

5.2.1 UI控件概述

UI 控件是可以用于交互式操作界面的图形对象。在应用程序开发时，不同的控件由于功能、交互方式、显示方式等各不相同，需要不同的程序代码来完成。但对于 UI 设计来说，这些都是视觉设计的呈现手段，在设计工具的使用方法和实现途经上是相同的。相对于传统界面，移动界面的交互式操作更强，因此在界面中，UI 控件的设计合理性和美感直接影响到用户的体验。

微课：5.2（UI控件设计）

5.2.2 UI常见控件

UI 控件的种类繁多，首先，我们来认识一些常见的控件，并了解这些控件的设计手法。

1. 按钮

按钮是移动界面中被人们高度关注的设计控件之一，它很大程度上决定了用户的点击欲望。对按钮设计而言，色彩、形状、形式等都是决定性因素，所以很多 UI 设计师尝试不断改进按钮设计，以便提高用户点击欲望（见图 5-20）。由于屏幕空间的局限性，移动界面按钮往往用简短且含义明确的动词或者动词短语作为标签，这样可以很快告诉用户按钮的功能。

▲ 图 5-20　按钮的多种设计形态

根据交互的方式不同，按钮最常见的形式为点击按钮和开关按钮。

点击按钮常见的四种状态为：默认状态、选中状态、点击状态、失效状态（见图 5-21）。当然，并不是所有的点击按钮都会从视觉上设计这四种状态，但至少有默认状态、选中状态这两种形式。默认状态是点击按钮的常态，选中状态是为了提示用户当前点击按钮所处的状态情况。

开关在现实生活中都随处可见，界面中的开关按钮通常是根据我们生活中的开关形态来进行设计的。但作为 UI 控件的开关按钮其设计不能完全照搬生活中开关的设计思路。我们知道，开关按钮通常就是两种状态的，要么处于开启状态，要么处于关闭状态。现实工业产品中，如果仅从开关的设计来说，很多时候会存在问题，最大的问题是不知道开关当前状态是开还是关。

我们来看两个生活中十分常见的开关（见图 5-22）。

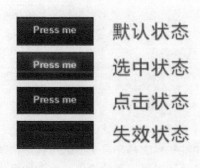

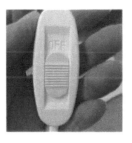

拉线开关　　　　　　　　　小风扇开关

▲ 图 5-21　点击按钮的四种不同状态　　　▲ 图 5-22　现实生活中的开关

图 5-22 左侧的拉线开关是早期的电灯上经常使用的开关形式。这种设计不足之处是，如果灯泡坏了，就只能拧开开关的盖子或者通过电笔来确认当前开关是否正处在关闭的状态，这样做很危险也很不方便。当然，这种形态的开关目前已经不怎么被使用了。

右侧是一个小风扇开关，开关有一个滑槽和拨动块，图中显示"OFF"字样，一般会让用户有如下两种理解方式。

理解一：开关滑块正处在"ON"字样上（被滑块遮住了），所以开关处于打开的状态。

理解二：用户只清楚地看到了"OFF"字样，所以开关处于关闭的状态。

这两种理解会让用户得出完成相反的结论，无论它是开还是关，都表明这种设计是不合理的。这种理解误区是由于开关滑槽内的文字图形设计缺陷造成的。在现实生活中，这是一个小家电风扇的开关，用户可以轻松地从风扇是否转动来快速判断开关所处于开或关的状态。因此在使用过程中，这种开关设计的不合理处被弱化了。然而在移动界面上，也存在这种设计问题（见图 5-23）。但如果我们调整文字的位置，就能起到明确开关按钮当前状态的目的（见图 5-24）。其实，设计师在设计开关按钮时，不需要用大量的语言和图形来解释说明，而仅提供一些微妙的"信息"，让用户自己去体会和发现。刚才谈到这个开关按钮之所以让用户造成误区的原因就是文字，所以，我们可以通过去除文字的方式来减少干扰，只通过色彩的提示来告知用户开关按钮的状态（见图 5-25）。这样做信息量很少，干扰也很少。通过减少干扰，开关的当前状态反而更明确了。"少即是多"这一由建筑大师密斯·凡德罗（Mies van der Rohe）提出的现代设计理论在这里得到了合理印证。

 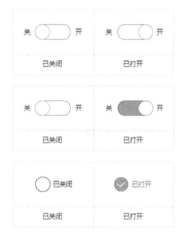 

▲ 图 5-23　界面中原始设计的开关按钮　　▲ 图 5-24　界面中重新调整后的开关按钮　　▲ 图 5-25　优化设计后的开关按钮

2. 导航

一款移动产品如果想让用户感受到良好体验，很大部分取决于其界面布局的合理性。移动产品要想以最优的设计结构将其内容展现给用户，就涉及移动界面的导航设计。优秀的导航设计，能够完美且合理地展示产品的功能，并快速引导用户使用，增强用户的识别度。合理的导航设计，会让用户轻松达到目的而又不会干扰用户的选择。

由于移动界面屏幕较小，需要将移动产品的信息结构分层，把最主要、最核心、最根本的功能放在第一层级，次要内容放在第二层级甚至更深。根据层级关系、结构关系确定导航的形式，这是导航设计首要考虑的事情。由于移动产品的功能和需求的差异，导航形式也较多，我们来了解一下目前移动端常见的几种导航形式。

（1）标签式导航。标签式导航，也就是我们平时说的"Tab 式导航"，它是目前移动应用中最普遍、最常用的导航模式。标签式导航适合在相关的几类信息之间频繁跳转，彼此之间相互独立，通过标签式导航引导，用户可以迅速地实现页面之间进行切换且不会迷失方向，简单而高效。

标签式导航还细分为：底部 Tab 式导航、顶部 Tab 式导航、底部 Tab 扩展导航这三种类型（见图 5-26）。

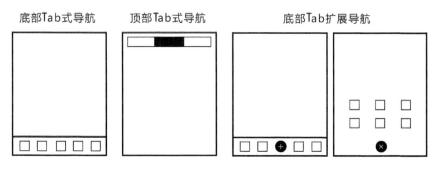

▲ 图 5-26 标签式导航的类型

①底部 Tab 式导航。如果观察一下，我们就会发现目前热门应用如 QQ、微信、淘宝、美团、京东等全部都是底部 Tab 式导航。

这是符合拇指热区操作的一种导航模式。何谓拇指热区？我们回想一下用户在生活中使用手机的一些场景：走在路上，单手持握手机并操作；在地铁上，一只手拉扶手，另一只手操作手机等。这些场合，用户最常用的操作就是右手单手持握并操作手机，因此对于手机来说，为触摸进行交互设计，主要针对的就是拇指。但在手机操作过程中，拇指的可控范围有限，缺乏灵活度，尤其是在如今的大屏手机上，拇指的可控范围主要集中在屏幕底部，这样的可控范围还不到整个屏幕的三分之一。当用户右手单手持握手机的时候，拇指的热区如图 5-27 所示，绿色区域是右手单手时拇指能轻松触控的范围，黄色区域是属于拇指伸展的范围，橙色区域就是右手单手时拇指无法触控的范围。当然，也有习惯使用左手的用户，但这毕竟是少数，我们讨论的还是主流用户使用习惯。

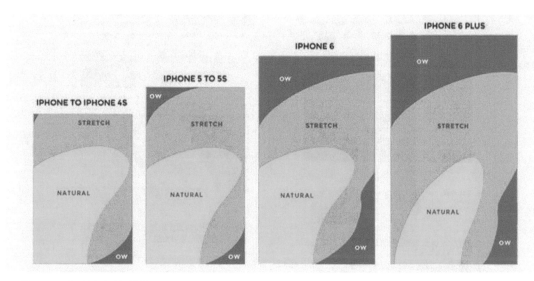

▲ 图 5-27 右手单手时拇指热区

随着手机屏幕越来越大，显示的内容越来越多，单手操作变得越来越困难。因此，移动端的工具栏和导航条一般都在手机界面的下边缘，将导航放置在屏幕底部即拇指热区，这样的方式为单手持握时拇指操作带来了更为舒适的体验（见图 5-28）。

|　　　　　(a)　　　　　|　　　　　　　　　　(b)|

▲ 图 5-28　烹饪美食地图 APP 底部 Tab 式导航

　　②顶部 Tab 式导航。底部 Tab 式导航的流行是基于拇指热区，然而，有些移动应用因为内容、分类较多，所以会运用顶部和底部双 Tab 式导航，并且将切换频率最高的 Tab 放在顶部。最典型的就是新闻类 APP（见图 5-29 和图 5-30），因为每个 Tab 下的新闻内容都需要沉浸式阅读，最常用的操作是在一个 Tab 中不断地上滑屏幕来阅读内容，将常用的 Tab 放在顶部，加入手势切换的操作，反而能带来更好的阅读体验。

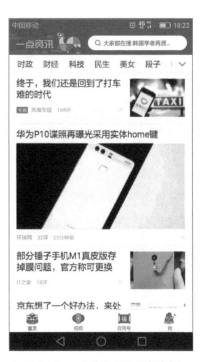

▲ 图 5-29　今日头条 APP 顶部底部双　　　　▲ 图 5-30　一点资讯 APP 顶部底部
Tab 式导航　　　　　　　　　　　　　　　双 Tab 式导航

③底部 Tab 扩展式导航。在有些情况下，简单的底部 Tab 式导航难以满足更多的操作功能，这个时候我们就需要一些扩展形式来满足需求。如微博 APP（见图 5-31）、闲鱼 APP（见图 5-32）都做了这种扩展，也因此给设计增加了一些个性化的亮点。

▲ 图 5-31　微博 APP 底部 Tab 扩展式导航

▲ 图 5-32　闲鱼 APP 底部 Tab 扩展式导航

（2）抽屉式导航。抽屉式导航是典型的隐喻设计手法。抽屉式导航追求突出显示核心内容，弱化导航界面，常见于一些信息流产品。抽屉式导航在形式上一般位于当前界面的后方，通过左上角的按钮或者手势滑出（见图 5-33）。由于是隐藏在屏幕之外，所以导航界面空间较大，为提高扩展性和个性化带来了更多的可能性。抽屉式导航经常和底部 Tab 式导航结合。

抽屉式导航

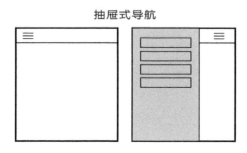

▲ 图 5-33　抽屉式导航形式

当然，抽屉式导航也有缺陷，比如在大屏幕手机上，单手持握时，导航标签处于操作盲区，难以点击；此外，隐藏在抽屉栏内的信息内容其用户点击率下降，参与感降低。因此，如果该应用的主要功能和内容都在一个页面里面，只是一些诸如用户设置类低频操作的内容需要显示在其他页面里，那么，为了让主页面看上去干净美观，可以把这些辅助功能放在抽屉栏里。抽屉式导航刚出现时曾风靡一时，Facebook 就采用过这种导航类型。但现在采用抽屉式导航的 APP 逐渐减少，不过，诸如滴滴出行（见图 5-34）、读书笔记 BooksWing（见图 5-35）、邮箱大师等应用仍在使用抽屉式导航。总之，抽屉式导航比较适合核心功能突出且较为单一的产品（见图 5-36）。

▲ 图 5-34　滴滴出行 APP 抽屉式导航

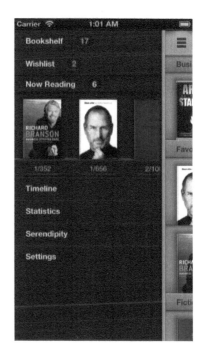

▲ 图 5-35　读书笔记 BooksWing APP 抽屉式导航

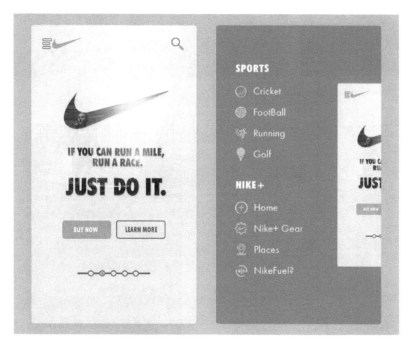

▲ 图 5-36　Nike APP 抽屉式导航

（3）轮播式导航。轮播式导航比较适用于足够扁平化的内容和随意浏览的阅读模式。这种导航方式很容易带来高大上的视觉体验，最大限度地保证了页面的简洁性和内容的完整性。轮播式导航一般都会结合滑动切换的手势，操作起来也非常方便（见图 5-37）。例如，

Sooshi 是一款介绍寿司美食的应用程序，其本身内容并不复杂，非常适合轮播式导航，这样做可以最大限度地保持图片的完整性，从而让用户对这款应用留下深刻印象（见图 5-38）。轮播式导航的缺点是用户只能切换到相邻页面，无法跳转到非相邻的页面，很容易迷失位置，因此轮播式导航都会在页面下方添加几个小点来指示当前位置。

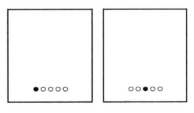

▲ 图 5-37　轮播式导航形式

（a）

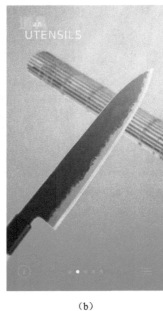

（b）

（c）

（d）

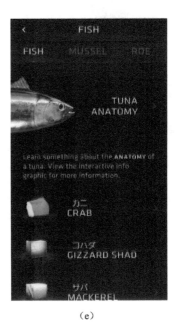

（e）

▲ 图 5-38　Sooshi 美食 APP 轮播式导航形式

（4）列表式导航。列表式导航结构简单、布局清晰、易于理解、信息识别高效，能够帮助用户快速定位到对应内容（见图 5-39）。列表式导航大多作为辅助导航来展示二级甚至更深层次的内容（见图 5-40 和图 5-41），若要作为主导航，必须满足层级浅且内容平级的条件（见图 5-42）。

（a） （b）

▲ 图 5-39 列表式导航形式　　▲ 图 5-40 SAL 餐馆 APP 列表式导航

（a） （b）

▲ 图 5-41 Newstream 报纸 APP 列表式导航

（a）　　　　　　　　　　　　　（b）

▲ 图 5-42 城市助手 APP 列表式导航

（5）宫格式导航。宫格式导航模式被广泛应用于各平台系统的中心页面。这些宫格聚集在中心页面，用户只能在中心页面进入其中一个宫格，如果想要进入另一个宫格，必须要先回到中心页面，再进入另一个宫格。每个宫格相互独立，它们的信息间也没有任何交集，无法跳转互通（见图 5-43）。宫格式导航适合入口相互独立互斥，且不需要交叉使用的工具类 APP，每个工具都有一套独立的体系，如美图秀秀 APP（见图 5-44）。此外，一些内容模块相互独立的 APP 也采用这种导航形式（见图 5-45 和图 5-46）。

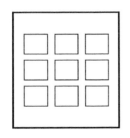

▲ 图 5-43　宫格式导航形式　　　　　　▲ 图 5-44　美图秀秀 APP 宫格式导航

▲ 图 5-45　The Scoop 旅行 APP 宫格式导航

▲ 图 5-46　FOOD & WINE 鸡尾酒 APP 宫格式导航

　　以上是移动端界面中较为常见的导航形式，也有一些较为独特的导航形式，如悬浮式导航（见图 5-47~ 图 5-50）、点聚式导航（见图 5-51 和图 5-52）等。我们在进行具体的界面设计时，需要根据实际内容来选择合适的导航形式，同一款 APP，不同的界面由于内容的差异，导航形式也会不同。作为设计师，一定不能被现有的导航模式所束缚，随着技术的发展，未来会

有新的操作手势出现，也会创造出新的导航方式，了解基本的导航形式可以为我们更好地设计
导航奠定基础。

▲ 图 5-47　Target 购物清单 APP 悬浮
式导航

▲ 图 5-48　Photovine 照片 APP 悬
浮式导航

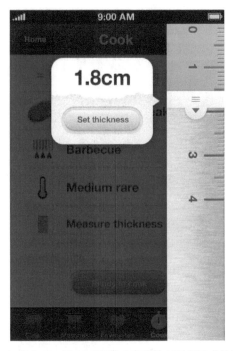

▲ 图 5-49　iBeef 烹饪牛肉定时器 APP 悬浮式导航

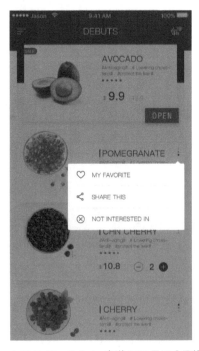

▲ 图 5-50　Debuts 食谱 APP 悬浮式导航

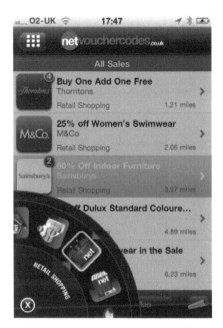

▲ 图 5-51　NetVoucherCodes 优惠券 APP 点聚式导航

▲ 图 5-52　Parked 停车 APP 点聚式导航

3. 表单

在移动端应用中，我们经常会接触到形形色色的表单，登录账号及填写信息以获取服务和发布内容等。表单设计是移动应用产品中必不可少的一部分。良好的表单设计可以大大提高用户的注册量或订单量等。

在表单中有三个基本组成部分：表单标签、表单域、表单按钮。

表单标签可以用文字或图标表示，它的作用是指明输入字段的内容。除了标签以外，有些表单中还会有占位符来暗示起始输入位置，进一步提示输入内容。占位符只起提示作用，层级关系要低于标签，一般要用浅色。表单域包含了文本框、密码框、复选框、下拉选择框和文件上传框等。表单按钮包括提交按钮、复位按钮和一般按钮。有些表单中还包括附加文本，其作用是辅助说明，附加文本在表单中只起辅助作用，在界面中一般弱化层级关系，所用颜色一般偏淡。表单的基本组成部分构成了表单的视觉元素，每一个视觉元素都有其存在的意义（见图 5-53）。

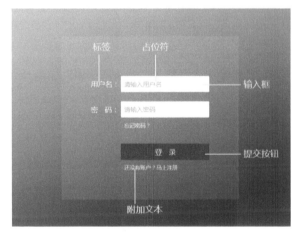

▲ 图 5-53　表单基本构成元素

用户填写表单的过程需要消耗时间从输入信息开始,然后点击提交,相关信息可能还需要等待审核。因此,表单设计的优劣直接影响到用户体验的好坏。在进行表单设计时,我们需要合理组织信息,建立清晰的浏览线,采用合适的标签、提示文字及按钮的布局,避免不必要的信息重复出现,这样能够降低用户的视觉负担和物理负担(见图 5-54)。

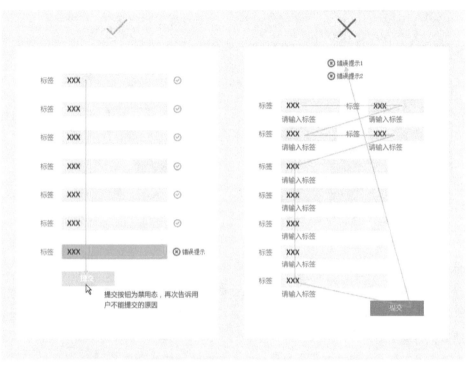

▲ 图 5-54 表单布局规范

注册登录页是移动端常见的表单界面。注册登录页是一款移动应用产品的门面,它的好坏与否直接影响着用户数量群和用户体验。一个优秀的注册登录界面,应该具有清晰的操作流程、良好的交互细节和独特的视觉设计。

我们来看一些案例,了解如何让移动应用产品拥有一个漂亮的入口。

Etsy 是一个网络商店平台,以手工艺成品买卖为主要特色,Etsy 的注册登录界面就采用了手工元素作为视觉背景,使得其特色鲜明(见图 5-55)。Beats Music 是一款介绍在线流媒体音乐的应用平台,Beats Music 注册登录页面采用字体的对比变化来体现平面布局的视觉美感(见图 5-56)。ooVoo 是一款具有实时视频技术的应用软件,可让消费者在互联网上进行面对面的交谈。ooVoo 注册登录页面能让用户感受到企业为用户通信带来的零距离服务(见图 5-57)。Cirqle 是一款图片采编应用软件,因此 Cirqle 注册登录页面采用了大背景图片(见图 5-58)。

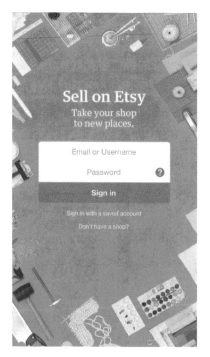

▲ 图 5-55　Etsy APP 注册登录界面

▲ 图 5-56　Beats Music APP 注册登录界面

▲ 图 5-57　ooVoo APP 注册登录界面

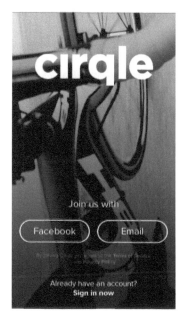

▲ 图 5-58　Cirqle APP 注册登录界面

4. 滑动条

滑动条是一类设计控件，主要通过水平移动滑块或滑杆来控制某种变量，比如用来调节音量或者屏幕亮度（见图 5-59）。即使滑动条的设计再细致，用户的操作技巧再精准，用滑动条进行准确的数值设定也是件困难的事情。通常，让用户设置非常精确的数值没有什么必要，也没有多大意义。滑动条适用于在一定范围内对数值进行粗略设定，并不适于对数值做精准的要求。我们在设计滑动条时，应确保用户无须进行太繁杂的操作就能轻松设置满意的值（见图 5-60 ～图 5-62）。如果用户需要设置准确数值时，可以考虑通过不同的视觉元素样式让用户通过点击或直接输入的方式来实现。

▲ 图 5-59　滑动条效果（设计者：dart 117 studio）

▲ 图 5-60　YapJobs APP 滑动条效果

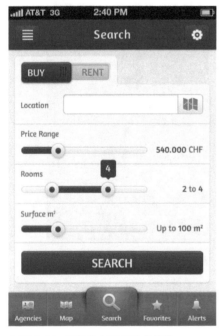

▲ 图 5-61　房地产 APP 滑动条效果

▲ 图 5-62　闹钟设置滑动条效果

5.2.3　UI控件质感设计

质感是指人的感觉系统由于生理刺激对材料做出的反应，是人对材料的生理和心理活动，是人的感觉器官对材料的综合印象。对象的质感特征可以有以下两种分类方式：按人的感觉可以分为触觉质感和视觉质感，按材料本身的构成特征可以分为自然质感和人为质感。我们之前在 UI 设计风格中谈到拟物化设计手法，此外，在图标设计中谈到隐喻。可以说，拟物化设计和隐喻的视觉表现都离不开质感设计。在 UI 设计中，我们更多运用的是视觉质感和人为质感。视觉质感是指靠眼睛的视觉来感知的对象表面特征，是对象被视觉感知后经大脑综合处理产生的一种对物体表面特征的感觉和印象。人为质感是指人为表现的视觉效果，这种效果通过贮存于人们脑际的对以往生活经验的联想，触发人们不同的遐想，产生丰富的审美感受，这也是质感被应用于 UI 设计中的魅力所在（见图 5-63~ 图 5-65）。

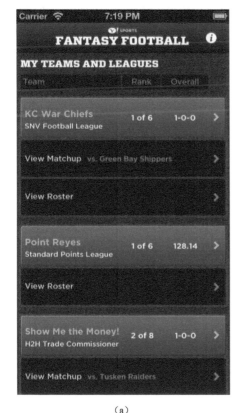

（a）

（b）

▲ 图 5-63　雅虎梦幻足球 APP 界面

(a)

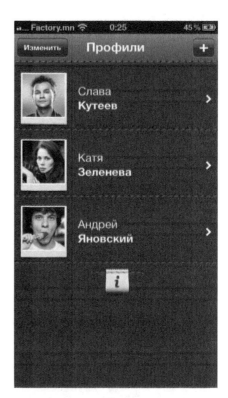

(b)

(c)

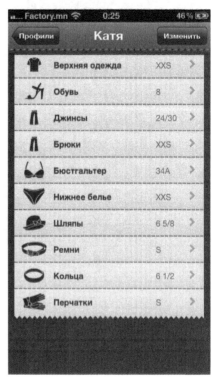

(d)

▲ 图 5-64　SIZER 服饰穿搭 APP 界面

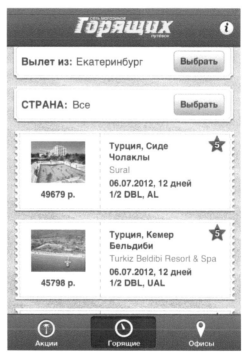

（a）　　　　　　　　　　　　　　　　（b）

▲ 图 5-65　Burning 旅游 APP 界面

　　随着界面设计潮流的发展，人们对完全的拟物风格出现了审美疲劳，这时提出了"微质感"的概念。所谓的微质感是区别于 Skeuomorphs 的超质感和 Metro 高度抽象化之间的中间层次。"微"可以理解为微弱、微小，微乎其微。"微"意味着尽可能少地添加内容便可实现目的，质感具有隐喻的意味，也就是说：灵活运用一些隐喻的手段解决问题，而不泛滥；这点与日本著名产品设计师深泽直人的"这样就好"的设计理念有相似之处（见图 5-66 和图 5-67）。

▲ 图 5-66　Learn Reader APP 界面

▲ 图 5-67　Deezer APP 界面

第 $\left(6\right)$ 章　　　　　　　　　UI 设计实战

　　本章为读者介绍了一些实用的 UI 设计软件以及相关的基本操作，让读者在自学过程中也能轻松快速上手。此外，本章还为读者分享了字库资源、库图资源以及在线交流论坛这些对 UI 设计较有帮助的服务平台。

微课：UI设计实战

6.1 原型设计

原型设计是整个数字产品面市之前的一个框架设计环节。整个前期的交互设计流程之后，就是原型开发的设计阶段，简而言之，原型设计是将页面的模块、元素、人机交互的形式，利用线框描述的方法，将产品脱离皮肤状态下进行更加具体生动地表达。原型设计的重点是要直观体现产品主要界面风格以及结构，并且能够展示主要功能模块以及它们之间的相互关系，为后期的视觉设计和代码编写提供准确的产品信息。

6.1.1 原型设计类型

1. 手绘原型图

原型图也被称为线框图，因此手绘是最简单直接的方法，也是表现产品轮廓时最快速的手法。手绘原型图所需工具为铅笔、橡皮、白纸（见图 6-1）。手绘原型图会因设计师的手绘特点而形成不同的风格和特色，同时也具有一定的艺术美感（见图 6-2 ～图 6-4）。

▲ 图 6-1　手绘原型图（作者：Dustin Senos）

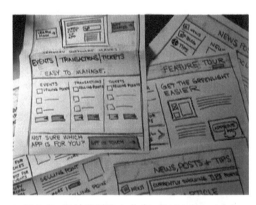

▲ 图 6-2　手绘原型图（作者：PJ McCormick）

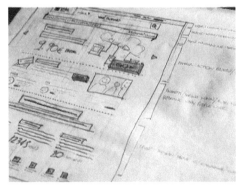

▲ 图 6-3　手绘原型图（作者：Riccardo Ghignoni）

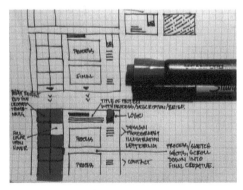

▲ 图 6-4　手绘原型图（作者：David Resto）

2. 工具原型

工具原型是指用软件制作的原型设计。软件制作的原型图尺寸规范、设计统一，大方得体（见图6-5）。

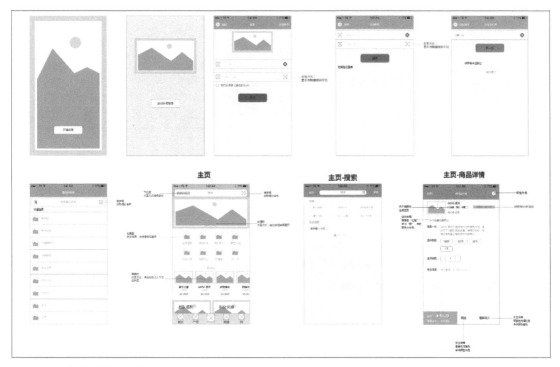

▲ 图 6-5 软件绘制的原型图

6.1.2 常用原型设计软件

目前，原型设计的制作软件较多，每款软件都有自己的特点和优势。在这里，为大家介绍几款常用的原型设计软件。

1. Axure RP

Axure RP 是美国 Axure Software Solution 公司的旗舰产品，该原型设计工具可以帮助那些负责设计功能和界面的原型设计者更快捷、更专业地完成定义需求规格以及快速创建应用软件或 Web 网站线框图、原型、规格说明书等。Axure 所针对的用户包括用户体验设计师（UX）、交互设计师（IxD）、业务分析师（BA）、信息架构师（IA）、可用性专家（UE）和产品经理（PM）等。使用 Axure RP 设计线框图和原型可以提高工作效率，同时方便团队成员一起完成协同设计，便于向用户演示和交流以确认用户需求。此外，Axure RP 还可以自动生成规格说明书，极大地优化工作方式。因此，使用 Axure RP 设计更加高效，设计者可快速体验动态原型，促进设计者之间有效沟通。Axure RP 的可视化工作界面让用户轻松快速地创建各种线框图：用户无须编程，只要用鼠标拖曳等简单方式，就可以在线框图上定义简单链接和高级交互设计。同时该工具支持在线框图的基础上自动生成 HTML 原型和 Word 格式的规格说明书。随着软件的升级，目前 Axure RP 8.0 是主流版本（见图 6-6）。

▲ 图 6-6　Axure RP 8.0 软件图标

2. Balsamiq Mockups

Balsamiq Mockups 是一款能够实现快速原型设计的软件，由美国的 Balsamiq 工作室推出。Balsamiq Mockups 开发时基于知名软件 Adobe Air，因此，它能够在不同浏览器、不同操作系统平台下流畅地运行，此外，它可以在线使用，亦可以离线使用。Balsamiq Mockups 具有极其丰富的表现形式，设计效果非常美观。它支持几乎所有的 HTML 控件原型图，如按钮（基本按钮、单选按钮等）、文本框、下拉菜单、树形菜单、进度条、多选项卡、日历控件、颜色控件、表格、Windows 窗体等。除此之外，它还支持 iPhone 手机元素原型图，极大地方便了开发 iPhone 应用程序的软件工程师（见图 6-7）。

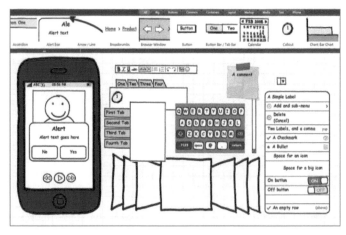

▲ 图 6-7　Balsamiq Mockups

3. Mockplus

Mockplus 是 Jongde Software LLC. 公司旗下的产品。它主张把用户体验放在首要位置，并且致力于快速构建和迭代原型，逐渐在原型设计领域异军突起。凭借简洁而不烦琐的功能，这款软件不仅在国内受到越来越多的产品经理、项目经理、UI 设计师、程序员等用户朋友的关注、喜爱和支持，而且也吸引了越来越多的国外用户（见图 6-8）。

▲ 图 6-8　Mockplus

4. Pencil Project

Pencil Project 最初只是 Firefox（火狐）浏览器的小插件，曾获得过 Firefox 浏览器插件 Grand Prize 大奖第一名，后来 Pencil Project 成为独立软件。这款手绘风格的原型设计工具可以用来绘制各种架构图和流程图。Pencil Project 内置模板较为丰富，可创建具有背景的多页面文档，支持文档内超级链接跳转，支持富文本功能的文字处理，支持安装自制画笔和模版，具备所有标准绘图功能，如对齐、堆叠层级、缩放、旋转等，支持添加外部对象，可以创建可链接的文档并输出成为 HTML、PNG、OpenOffice、Word、PDF 等格式的文件（见图 6-9）。

▲ 图 6-9　Pencil Project 软件界面

5. Omni Graffle

Omni Graffle 由 Omni Group 公司出品，可以在装有 Mac OS 操作系统的设备上轻松绘制漂亮的图表、树状结构图、流程图、页面等，此外，它还可以用来规划电影或剧本的情节走向、绘制公司组织图、专案进度等。该软件界面非常漂亮，模板丰富精致，容易激发灵感，辅助对齐和尺寸调整功能强大。遗憾的是，目前这款软件只能于运行在装有 Mac OS 操作系统的苹果 Mac 系列产品和 iPad 系列产品上（见图 6-10、图 6-11）。

▲ 图 6-10　Omni Graffle 软件图标　　　▲ 图 6-11　Omni Graffle 官网

6.1.3　Axure RP实战操作

目前，Axure RP 是最常用的原型设计制作软件，我们在这里介绍一些关于 Axure RP 的操作，帮助大家进行原型设计。

1. 基本设置

元件是可反复取出使用的图形、按钮、文本、动画等组成界面的基本要素，每个元件可由多个独立的元素组合而成。元件就相当于一个可重复使用的模板。使用元件的好处是，可重复利用，缩小文件的存储空间。

（1）添加元件到画布。在 Axure RP 左侧元件库中选择要使用的元件，按住鼠标左键不放，拖曳到右侧画布所需位置后松开鼠标左键（见图 6-12）。

（2）添加元件名称。在文本框"属性"标签中输入元件的自定义名称（建议采用英文命名）。建议命名格式为"PasswordInput01"或"Password01"。其名称含义是：序号 01 的密码输入框。命名格式说明："Password"是密码框，命名格式首先表明主要用途；"Input"是输入，表示元件类型，一般情况下可省略，当有不同类型的同名元件需要区分时或名称不能明确表达用途时应当对元件类型予以说明；"01"表示出现多个同名元件时的编号；此外，单词首字母大写的书写格式便于用户与设计者阅读（见图 6-13）。

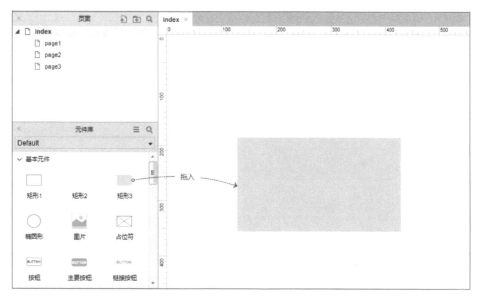

▲ 图 6-12 添加元件到画布

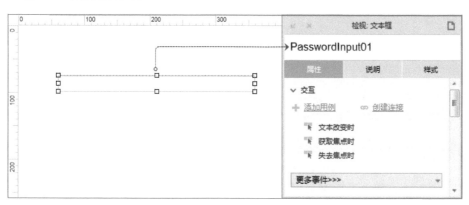

▲ 图 6-13 添加元件名称

（3）设置元件位置与尺寸。元件的位置与尺寸可以通过鼠标拖曳操作调整，也可在快捷面板或元件样式中输入进行调整。在图 6-14 中，通过调整元件的"x"值和"y"值设置元件位置，其中"x"指元件在画布中的 x 轴坐标值；"y"指元件在画布中的 y 轴坐标值。在图 6-15 中，通过调整元件的"w"值和"h"值设置元件尺寸，其中"w"指元件的宽度值；"h"指元件的高度值。在输入数值调整元件尺寸时，可以在"样式"标签中设置，让元件保持宽与高的比例。

（4）设置元件角度。常用的设置元件角度的方法有两种。

① 选择需要改变角度的元件，按住"Ctrl"键的同时，按住鼠标左键不放并拖曳元件的节点到合适的角度。

② 在元件的"样式"标签中进行角度的设置，需要注意的是，元件的角度与元件文字的角度可以分开设置（见图 6-16）。

（5）设置元件颜色。选择要改变颜色的元件，单击背景颜色设置模块，选取相应的颜色，或者在元件"样式"标签中进行设置（见图 6-17）。

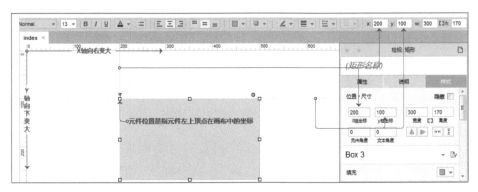

▲ 图 6-14　设置元件位置

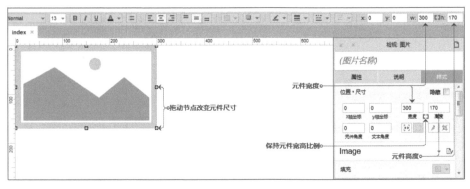

▲ 图 6-15　设置元件尺寸

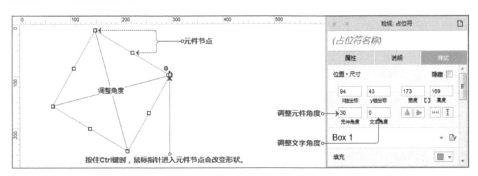

▲ 图 6-16　设置元件角度

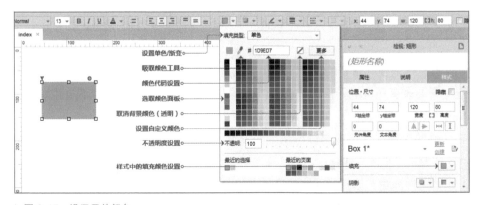

▲ 图 6-17　设置元件颜色

（6）设置形状或图片圆角。进行圆角设置可以拖曳元件左上方的圆点图标进行调整，或者在元件"样式"标签中设置圆角半径来实现（见图 6-18）。

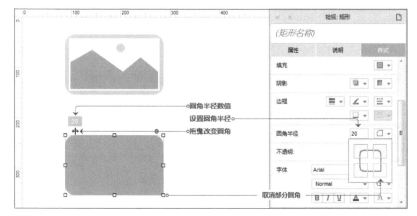

◀图 6-18 设置形状或图片圆角

（7）设置矩形显示边框。矩形的边框可以在"样式"中设置显示全部或部分，如图 6-19 所示为设置矩形仅显示部分边框。

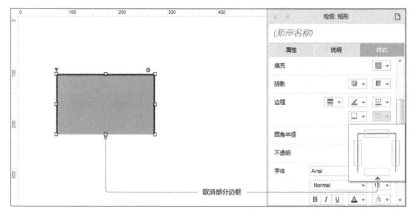

◀图 6-19 设置矩形仅显示部分边框

（8）设置元件边框样式。元件边框的样式可以在快捷面板或者元件"样式"标签中进行设置（见图 6-20）。

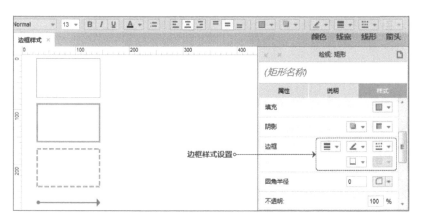

◀图 6-20 设置元件边框样式

（9）设置段落文字的行间距与填充样式。在元件"样式"标签中可以设置段落文字的行间距与填充样式。行间距是指文字段落行与行之间的距离。填充是指文字与形状边缘之间填充的距离（见图 6-21）。

▲ 图 6-21　设置段落文字的行间距与填充样式

（10）设置元件的隐藏样式。选择要隐藏的元件，在快捷面板或者元件"样式"标签中勾选"隐藏"单选框，即可实现隐藏该元件，默认情况下，元件隐藏后会在编辑区显示淡黄色阴影（见图 6-22）。

▲ 图 6-22　设置元件的隐藏样式

（11）设置文本框属性类型。若设置文本框用于输入密码，则在文本框"属性"标签中的"类型"下拉列表里选择"密码"选项（见图 6-23）。若要将文本框设置为用于打开选择文件路径的窗口，则在文本框"属性"标签中的"类型"下拉列表里选择"文件"选项，即可在浏览器中生成一个用于打开选择本地文件的按钮。该按钮样式因各浏览器的差异而略有不同（见图 6-24）。

（12）设置文本框的提示文字。在文本框"属性"标签中输入文本框的"提示文字"。提示文字的"字体"、"颜色"、"对齐方式"等样式可以单击"提示样式"进行设置（见图 6-25）。

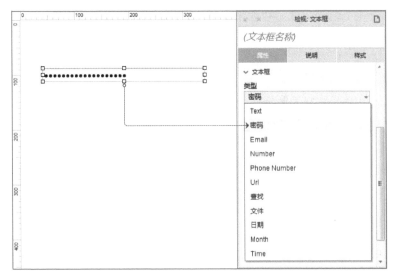

▲ 图 6-23 设置文本框用于输入密码

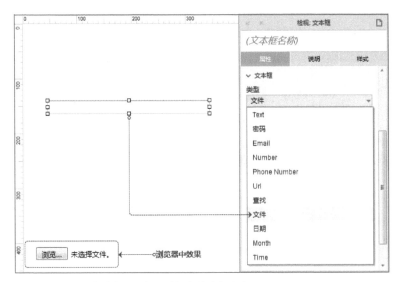

▲ 图 6-24 设置文本框用于打开选择文件路径的窗口

▲ 图 6-25 设置文本框的提示文字

（13）设置矩形为其他形状。在画布中单击矩形右上方圆点即可打开形状列表，设置为其他形状（见图 6-26）。

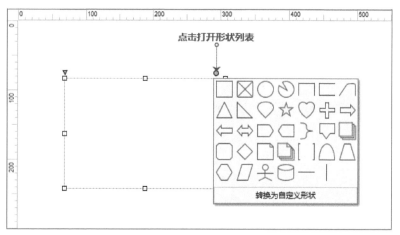

▶ 图 6-26 设置矩形为其他形状

（14）设置元件不同状态的交互样式。单击元件"属性"标签中各种交互样式的名称，即可设置元件在不同状态时呈现的样式。这些样式在交互操作时被触发后，就会显示出来，我们这里用按钮元件为例（见图 6-27）。

▶ 图 6-27 按钮元件交互样式设置

（15）设置图片文本。设置图片文本需要在图片上单击鼠标右键，在弹出的菜单中选择"编辑文本"选项，即可进行图片上的文字编辑（见图 6-28）。

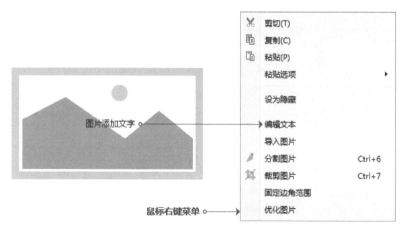

▶ 图 6-28 设置图片文本

2. 常用功能与操作

（1）切割与裁剪图片。在图片元件"属性"标签中，设有切割和裁剪功能，单击其功能的图标按钮即可使用相应功能。或者在元件上单击鼠标右键，在弹出的菜单中选择相应的选项。以下是切割与裁剪的功能介绍。

切割：可将图片进行水平与垂直切割，将图片分割开。

裁剪：可将图片中的某一部分取出。裁剪分为三种，分别是裁剪、剪切和复制。其中，裁剪只保留被选择的区域；剪切是将选取的部分从原图中剪切到系统剪贴板中；复制是将选取的部分复制到系统剪贴板中，复制对原图没有影响（见图 6-29）。

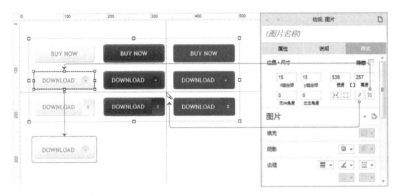

▲ 图 6-29　切割与裁剪图片

（2）嵌入多媒体文件。基本元件中的内联框架可以插入多媒体文件与网页。鼠标左键双击元件或者在"属性"标签中单击"选择框架目标"链接，在弹出的"链接属性"窗口中选择"链接到 url 或文件"单选项，填写"超链接"内容，内容为多媒体文件的地址（网络地址或文件路径）或网页地址。在这个界面中也可以选择嵌入原型中的某个页面（见图 6-30）。

▲ 图 6-30　嵌入多媒体文件

（3）调整元件的层级。元件的层级可以通过单击快捷面板中的图标或者单击鼠标右键，在弹出的菜单中选择需要的排序选项进行调整，也可以在页面概要中通过拖曳进行调整。概要中层级顺序为由上至下，最底部的元件为最顶层（见图 6-31）。

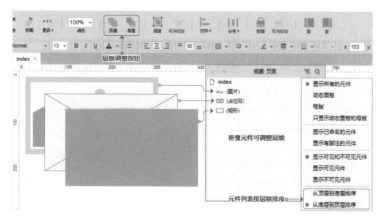

◀ 图 6-31 调整元件的层级

（4）元件的组合 / 取消组合操作。通过快捷面板中的图标或单击鼠标右键，在弹出的菜单中选择"组合"或"取消组合"选项可以将多个元件组合到一起（或将同一组合的元件取消组合），实现共同移动、选取、为组合添加交互等操作（见图 6-32）。

◀ 图 6-32 元件的组合 / 取消组合操作

（5）转换元件为图片。形状、文本标签、线段等元件可以通过单击鼠标右键，在弹出的菜单中选择"转换为图片"选项。例如，使用少量特殊字体或者图标字体时，可以将元件转换为图片，避免在未安装字体的设备上浏览原型时不能正常显示（见图 6-33）。

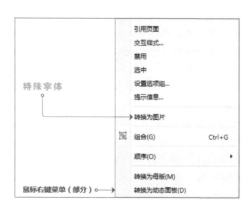

◀ 图 6-33 转换元件为图片

（6）切换元件库。在"元件库"功能标签中，可以通过查看元件库列表，选择不同的元件库进行使用（见图 6-34）。

▲ 图 6-34　切换元件库

（7）设置页面居中。在页面的"样式"标签中单击页面居中的按钮。页面居中是指在浏览器中查看原型时页面内容居中显示（见图 6-35）。

▲ 图 6-35　设置页面居中

（8）设置页面背景。在页面的"样式"标签中可以编辑页面的背景颜色以及背景图片（见图 6-36）。

（9）设置自适应视图。自适应视图是指编辑多种分辨率的原型，在设备中查看时，系统会根据自身分辨率，自动与分辨率相适合的原型进行匹配，并显示出来。自适应视图在"项目"功能菜单下的"自适应视图"选项中进行设置（见图 6-37）。

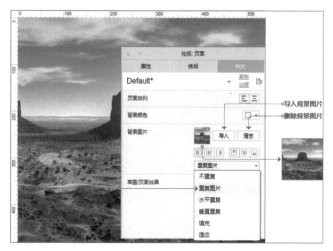

▲ 图 6-36　设置页面背景

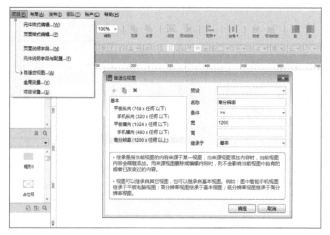

▲ 图 6-37　设置自适应视图

（10）快速预览查看原型。预览原型的快捷键为"F5"键。或者，单击快捷功能中的预览图标进行预览。进行预览设置时，需要在导航栏的"发布"功能菜单中选择"预览选项"进行预览的设置（见图 6-38）。

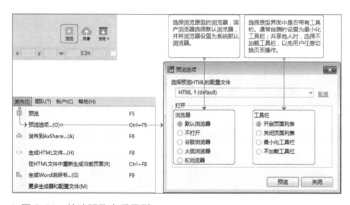

▲ 图 6-38　快速预览查看原型

（11）生成 HTML 文件查看原型。单击快捷功能中的生成图标，选择"生成 HTML 文件"选项生成 HTML 文件。或者通过单击导航栏中的"发布"功能，在弹出的功能菜单中，选择"生成 HTML 文件…"选项生成 HTML 文件（见图 6-39）。

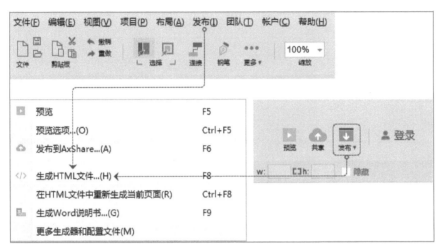

▲ 图 6-39 生成 HTML 文件查看原型

3. 实操案例——京东用户登录界面

案例描述：单击"扫码登录"与"账户登录"标签时，在两个登录界面之间切换（见图 6-40 和图 6-41）。

▲ 图 6-40 京东扫码登录页面

▲ 图 6-41 京东账户登录页面

下面介绍详细制作步骤。

（1）鼠标左键选中一个动态面板元件，按住鼠标左键不放，将该动态面板元件拖曳到页面中松开鼠标左键，双击动态面板，打开面板状态管理窗口；将动态面板命名为"LoginPanel"，然后单击"+"按钮添加一个状态；双击状态名称"State1"进入这个状态的编辑界面（见图 6-42）。

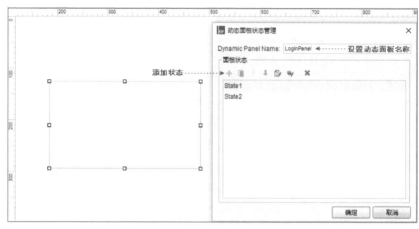

▲ 图 6-42　添加状态 "State1"

（2）为 "State1" 添加元件，组成相应的内容；完成后，关闭 "State1" 的标签回到页面中（见图 6-43）。

（3）参照步骤（1），添加状态 "State2"，并进入状态 "State2" 的编辑界面。

（4）为状态 "State2" 添加元件，组成相应的内容；完成后，关闭 "State2" 的标签回到页面中（见图 6-44）。

▲ 图 6-43　为 "State1" 添加元件

▲ 图 6-44　为 "State2" 添加元件

（5）此时页面中动态面板只显示了一部分 "State1" 中的内容，单击动态面板，在 "属性" 标签中勾选 "自动调整为内容尺寸" 单选项；或者在动态面板上单击鼠标右键，在弹出的菜单中选择 "自动调整为内容尺寸" 选项（见图 6-45）。

（6）拖曳 2 个矩形图案到画布，作为登录按钮，摆放在动态面板的上层；设置默认样式（灰色字体与灰色边框）以及被 "选中" 时的交互样式（红色字体与白色边框）；在 "扫码登录" 的 "属性" 标签中勾选 "选中" 单选项，让其在页面打开时即为选中后的状态；在元件的 "样式" 标签中设置这两个矩形图案只保留底部边框；最后，将这两个矩形图案命名为 "LoginButton"（见图 6-46）。

▲ 图 6-45　选择"自动调整为内容尺寸"选项

▲ 图 6-46　制作登录按钮

（7）为"扫码登录"按钮的"鼠标单击时"事件添加用例，用例名称为"Case1"具体设置见图 6-47。

▲ 图 6-47　为用例配置动作

（8）继续配置动作，将动态面板"LoginPanel"设置为"State1"（见图 6-48）。

▲ 图 6-48　将动态面板"Login Panel"设置为"State1"

（9）参照步骤（7）与步骤（8），为"账户登录"按钮的"鼠标单击时"事件添加用例，并命名为"Case2"，并为该用例配置相似动作。（见图 6-49）。

▲ 图 6-49　为"账户登录"按钮添加用例并配置动作

上述内容只是对 Axure RP 基础操作的一些简单介绍，要详细了解这款软件的操作方法还需深入学习更多的相关书籍。

6.2　界面实战制作

6.2.1　常用界面制作软件

目前，常用的界面设计软件主要有 Photoshop 和 Illustrator。

1. Photoshop

Adobe Photoshop，简称"PS"，是由 Adobe 公司开发和发行的图像处理软件。Photoshop 主要处理以像素构成的数字图像，使用其众多的编修与绘图工具，可以对图片进行任意编辑修改与创作。Photoshop 有很多功能，应用范围也很广，在图像与文字处理、视频编辑、出版编辑加工等各方面都有涉及。截至 2016 年 12 月 Adobe PhotoshopCC 2017 为市场最新版本（见图 6-50）。

▲ 图 6-50　Adobe Photoshop CC 启动画面

2. Illustrator

Adobe Illustrator 简称"AI"，它是一种用于多媒体和在线图像编辑的工业标准矢量插画的软件。Adobe Illustrator 作为一款非常好的矢量图形处理工具，广泛应用于印刷出版、海报书籍排版、专业插画、多媒体图像处理和互联网页面制作等领域，同时它还可以帮助线稿提高精度和控制，因此，Illustrator 适合生产任何小型设计到大型的复杂项目（见图 6-51）。

▲ 图 6-51　Adobe illustrator CC 启动画面

6.2.2　实操案例

1. 木质音响图标制作案例

本案例使用的工具为 Photoshop。制作图标之前，首先要认真分析图标的构成，然后由底层开始逐步制作，用形状工具画出特定形状的图形，再用图层样式增加质感和颜色。其最终效果如图 6-52 所示。下面介绍本案例的操作步骤。

（1）新建一个 1 000px×1 000px 的画布，填充颜色为"#7b7776"（见图 6-53）。

▲ 图 6-52　木质音响图标

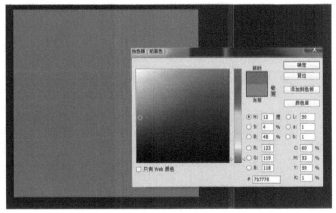

▲ 图 6-53　新建画布并填充颜色

（2）创建一个 512px×512px，圆角半径为 90px 的圆角矩形，并置入"木纹"素材，然后在图层面板中，按住"Alt"键的同时，单击"木纹"图层和圆角矩形图层的交界，创建剪贴蒙版，将该圆角矩形命名为"圆角矩形 1"（见图 6-54 和图 6-55）。

（3）在"图层样式"窗口中，给"圆角矩形 1"图层设置内阴影和投影效果（见图 6-56 和图 6-57）。

▲ 图 6-54 "木纹"素材

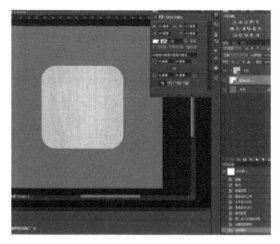

▲ 图 6-55 创建剪贴蒙版

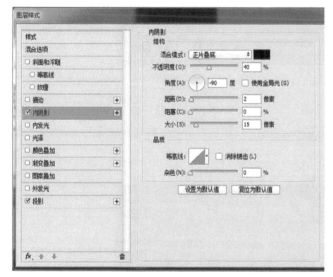

◀ 图 6-56 为"圆角矩形 1"图层设置内阴影效果

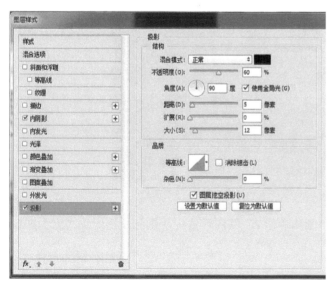

◀ 图 6-57 为"圆角矩形 1"图层设置投影效果

（4）在"木纹"图层上面新建一个图层，填充颜色为"#5f543f"，混合模式改为正片叠底，不透明度为 70%，并创建剪贴蒙版（见图 6-58）。

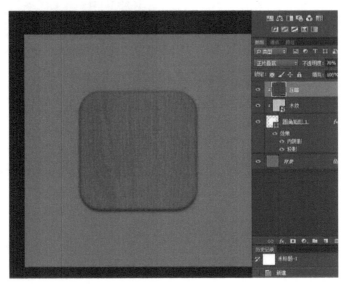

▲ 图 6-58　创建剪贴蒙版

（5）音箱的立面就做好了。接下来创建一个 512px×460px，圆角半径为 90px 的圆角矩形，将其命名为"圆角矩形 2"并使它和"圆角矩形 1"左对齐和顶对齐，然后将木纹复制一层，在"圆角矩形 2"上建立剪贴蒙版（见图 6-59）。

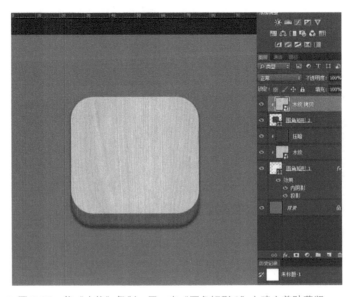

▲ 图 6-59　将"木纹"复制一层，在"圆角矩形 2"上建立剪贴蒙版

（6）在"图层样式"窗口中，给"圆角矩形 2"图层设置内阴影和投影效果（见图 6-60和图 6-61）。

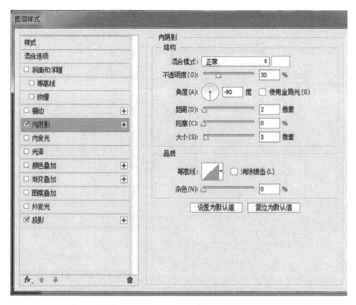

▲ 图 6-60　为 "圆角矩形 2" 图层设置内阴影效果

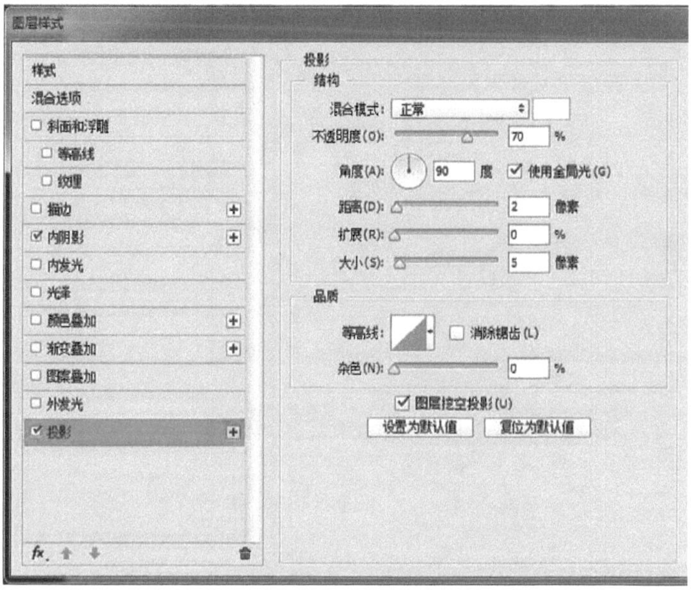

▲ 图 6-61　为 "圆角矩形 2" 图层设置投影效果

　　（8）按 "Ctrl+J" 组合键复制一层 "圆角矩形 2"，然后将图层移动到 "木纹" 图层上面，按 "Ctrl+J" 组合键自由变换该图层，记得同时按住 "Shift+Alt" 组合键，使该图层缩放到 90%，然后在 "图层样式" 窗口中设置斜面与浮雕、渐变叠加和投影效果（见图 6-62～图 6-64），"音响" 外壳的制作效果如图 6-65 所示。

　　（9）接下来制作 "音孔"，新建一个直径为 256px 的圆，将其命名为 "椭圆 1"，调整位置，在 "图层样式" 窗口中设置内阴影和渐变叠加效果（见图 6-66 和图 6-67），"音孔" 的图形边框效果如图 6-68 所示。

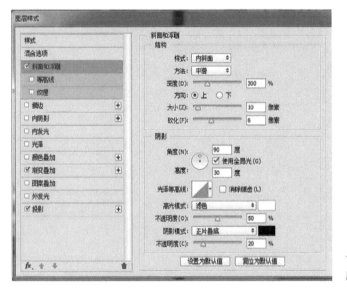

◀ 图 6-62　为"圆角矩形 2"图
层设置斜面与浮雕效果

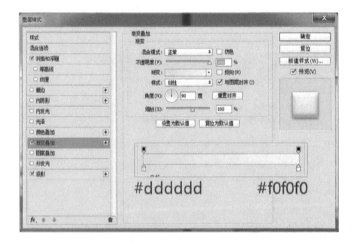

◀ 图 6-63　为"圆角矩形 2"图
层设置渐变叠加效果

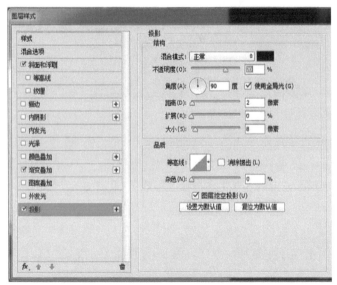

◀ 图 6-64　为"圆角矩形 2"图
层设置投影效果

◀图 6-65 "音响"外壳的制作
效果

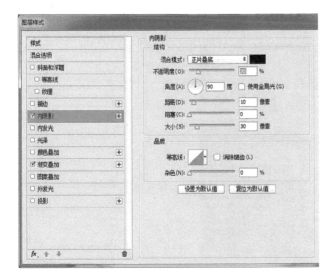

◀图 6-66 为"椭圆1"图层设
置内阴影效果

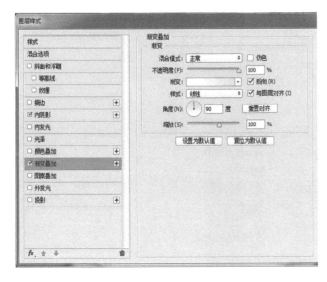

◀图 6-67 为"椭圆1"图层设
置渐变叠加效果

◀图 6-68　"音孔"的图形边框
效果

（10）新建一个直径为 11px 的圆，将其命名为"椭圆 2"，与"椭圆 1"水平、垂直居中，填充颜色为"#5f543f"。然后用矩形工具手动绘制两条参考线，找到圆心（见图 6-69）。

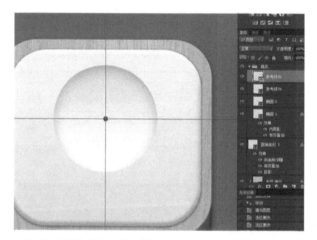

◀图 6-69　新建"椭圆 2"并手
动绘制参考线，找到圆心

（11）将小圆复制一层，按"Ctrl+G"组合键建组，然后将被复制的圆移动到大圆的外围，按"Alt+Ctrl+T"组合键将其变形，再按住"Alt"键将旋转中心移动到刚刚找到的圆心处（见图 6-70）。

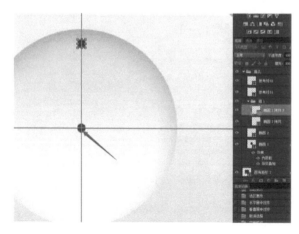

◀图 6-70　复制小圆

（12）然后旋转到合适位置。需要注意的是，旋转的角度一定要满足 360° 能被该度数整除（见图 6-71）。

（13）连续按"Ctrl+Shift+Alt+T"组合键，再次变换，多次复制小圆，制作外圈"音孔"（见图 6-72）。

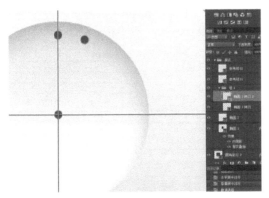

▲ 图 6-71　复制小图后，以大圆的圆心为旋转中心，旋转一定角度

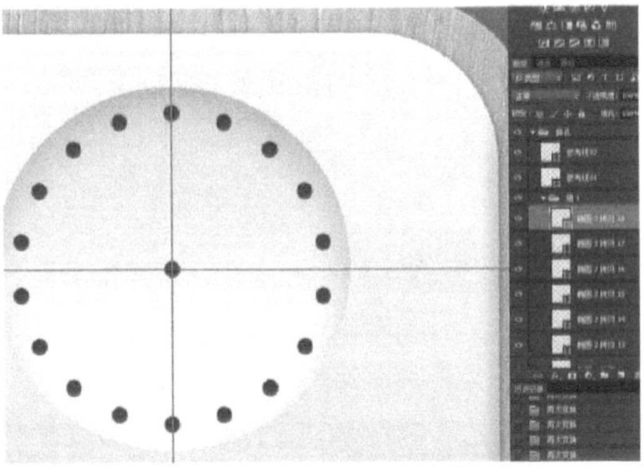

▲ 图 6-72　多次复制小圆，制作外圈"音孔"

（14）自行调节旋转角度，重复上述步骤，将音孔制作完成。在制作"音孔"的过程中，中间区域的"音孔"会显得比较密集，因此可以将大圆圆心处的小圆直径改为 9px（见图 6-73）。

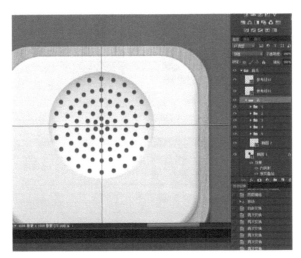

▲ 图 6-73　"音孔"制作完成

（15）音孔制作完成后，将参考线删掉，接着制作"旋钮"。新建一个圆，将其命名为"椭圆 3"，填充颜色为"#ebebeb"，移动到合适位置，在"图层样式"窗口中设置内阴影和投影效果（见图 6-74 和图 6-75），"旋钮"的外框效果如图 6-76 所示。

（16）复制一层"椭圆 3"，按"Ctrl+T"组合键自由变换，按住"Shift+Alt"组合键等比缩至 85%，将其命名为"椭圆 3 拷贝"，在"图层样式"窗口中设置投影、渐变叠加和内阴影效果（见图 6-77 ～图 6-79）。

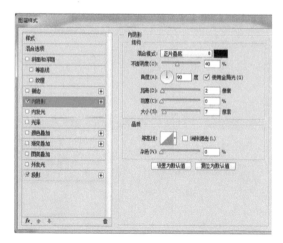

▲ 图 6-74　为"椭圆 3"图层设置内阴影效果

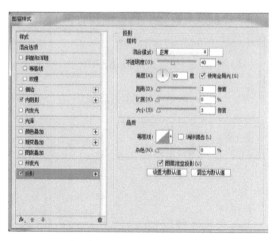

▲ 图 6-75　为"椭圆 3"图层设置投影效果

▲ 图 6-76　"旋钮"的外框效果

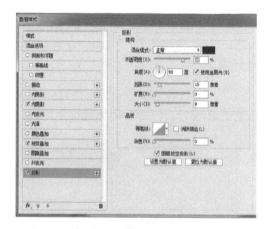

▲ 图 6-77　为"椭圆 3 拷贝"图层设置投影效果

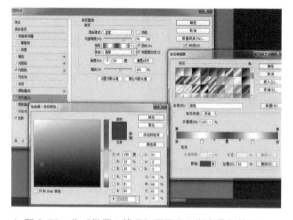

▲ 图 6-78　为"椭圆 3 拷贝"图层设置渐变叠加效果

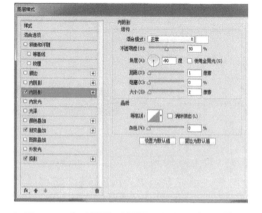

▲ 图 6-79　为"椭圆 3 拷贝"图层设置内阴影效果

　　（17）然后复制一层"椭圆 3 拷贝"，将填充透明度改为 0，在"图层样式"窗口中设置内阴影效果（见图 6-80），右侧的"旋钮"制作完成，效果如图 6-81 所示。

（19）但如果仔细观察，便会发现这个图标的木纹还有问题，所以最后来进行一下简单的透视处理。首先，选择比较亮的木纹，按"Ctrl+T"组合键，鼠标右击该木纹，在弹出的列表中选择"透视"选项，调整后的效果如图6-83所示。用同样的方法调整比较暗的木纹。

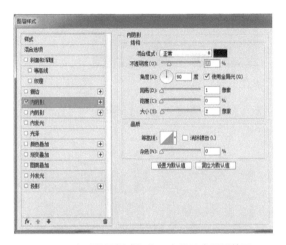

▲ 图6-80 在"图层样式"窗口中设置内阴影效果

▲ 图6-81 右侧的"旋钮"效果

（18）将右侧的"旋钮"复制到左边，这样两个"旋钮"制作完成了（见图6-82）。

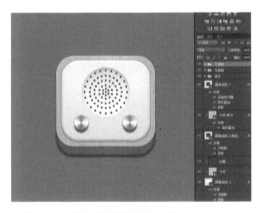

▲ 图6-82 两个"旋钮"制作完成

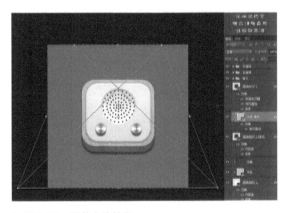

▲ 图6-83 调整木纹效果

以上便是制作"音响"的全部步骤，其最终效果如图6-52所示。

2. 灰色质感导航栏制作案例

本案例使用的工具为Photoshop，最终得到的灰色质感导航栏的效果如图6-84所示。下面开始介绍本案例的操作步骤。

（1）首先，新建一个500px×400px的文档，背景填充颜色为"#1b1b1b"（见图6-85）。

（2）新建一个图层，使用矩形选框工具，按住鼠标左键不放，拖曳鼠标，形成一个288px×50px的矩形图案，填充颜色为"#5a5a5a"（见图6-86）。

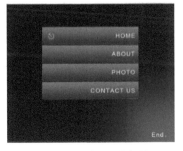

▲ 图6-84 灰色传感导航栏效果

▲ 图 6-85　新建文档并填充背景颜色　　　　▲ 图 6-86　制作矩形选区

（3）鼠标左键双击图层矩形图案的缩略图，弹出"图层样式"窗口，设置内阴影和渐变叠加效果（见图 6-87 和图 6-88）。

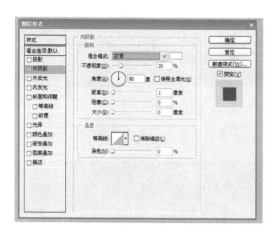

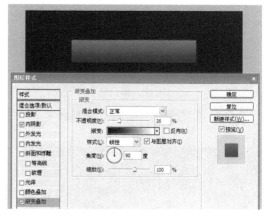

▲ 图 6-87　为矩形图案设置内阴影效果　　　　▲ 图 6-88　为矩形图案设置渐变叠加效果

（4）将已设置好图层样式后的矩形图案复制，连续粘贴 3 次，然后将这 4 个矩形图案竖直排列，每个矩形图案之间的间距为 3px（见图 6-89）。

（5）在每个矩形图案上输入导航栏标题文字，字体为"Arial"（见图 6-90）。

（6）新建一个图层，使用椭圆选框工具，在矩形的左侧位置，按住鼠标左键不放，拖曳鼠标，形成一个直径 30px 的正圆图案，填充为黑色（见图 6-91）。

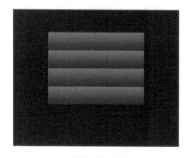

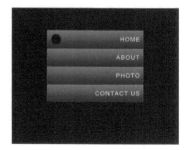

▲ 图 6-89　复制矩形图案　　　▲ 图 6-90　输入导航栏标题文字　　　▲ 图 6-91　在矩形图案内的左侧位置制作一个圆形图案

（7）鼠标左键双击黑色正圆图案，弹出"图层样式"窗口，分别设置内发光、渐变叠加和描边效果（见图 6-92～图 6-94）。

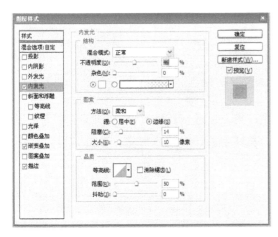 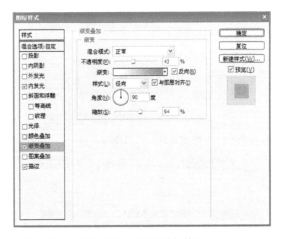

▲ 图 6-92　为正圆图案设置内发光效果　　▲ 图 6-93　为正圆图案设置渐变叠加效果

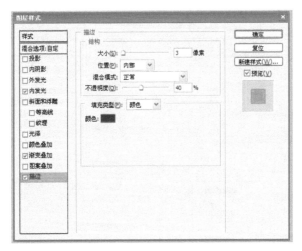

▲ 图 6-94　为正圆图案设置描边效果

（8）将正圆图案的图层不透明度改为 70%，然后再在上面添加箭头图案（见图 6-95）。

▲ 图 6-95　为正圆图案添加箭头

（9）最后适当补充背景颜色，完成最终效果，如图 6-84 所示。

6.3 设计资源

6.3.1 字库资源

目前，常用的字库资源有很多品牌，主要包括：方正字库（见图6-96）、汉仪字库（见图6-97）、文鼎字库（见图6-98）、汉鼎字库、长城字库、金梅字库等。除此以外，还有一些在线字库网站，如有字库、找字网等。

▲ 图6-96 方正字库官网

▲ 图6-98 文鼎字库官网

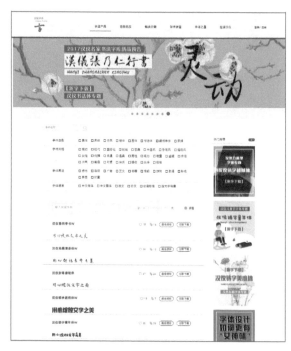

▲ 图6-97 汉仪字库官网

6.3.2 图库资源

目前，常用的图库资源网站主要用：昵图网（见图6-99）、站酷海洛（见图6-100）、千图网（见图6-101）、花瓣网（见图6-102）等。

▲ 图 6-99　昵图网官网

▲ 图 6-100　站酷海洛网官网

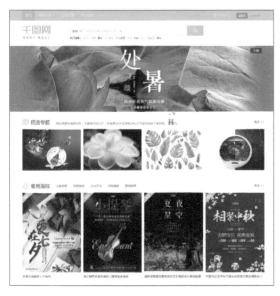

▲ 图 6-101　千图网官网

▲ 图 6-102　花瓣网官网

6.3.3　交流论坛

网络是我们学习 UI 设计一个很好的工具。有关设计方面的交流论坛能为我们提供很多在线资源，在这里为大家介绍几个在设计方面比较受欢迎的交流论坛，以便访问交流。

1. Dribbble

Dribbble 是一个面向创作家、艺术工作者、设计师等创作创意类作品的人群，并提供作品在线服务的交流网站。该网站还可以供网友在线查看已经完成的作品或者正在创作的作品。网站地址为"https://dribbble.com/"（见图 6-103）。

2. 站酷网

站酷网是一个综合性"设计师社区"，2006 年 8 月创立于北京。站酷网聚集了中国部分设计师、艺术院校师生、潮流艺术家等年轻创意设计人群。站酷网一直致力于促进设计师之间的交流与互励，以及将创意作品进行更广泛地传播与推介，提高中国原创设计的影响力。网站地址为"http://www.zcool.com.cn/"（见图 6-104）。

▲ 图 6-103　Dribbble 官网

▲ 图 6-104　站酷网官网

3. 视觉中国设计师社区

视觉中国设计师社区是一个致力于将设计作品分享、发现、售卖的专业平台。网站地址为"http://www.shijue.me/"（见图 6-105）。

▲ 图 6-105　视觉中国设计师社区官网

参 考 文 献

[1] [美] 拉杰拉尔．UI 设计黄金法则：触动人心的 100 种用户界面 [M]．北京：中国青年出版社，2014．

[2] [英]Giles Colborne．简约至上：交互式设计四策略 [M]．北京：人民邮电出版社，2011．

[3] 常丽．潮流 UI 设计必修课 [M]．北京：人民邮电出版社，2015．

[4] 善本出版有限公司．与世界 UI 设计师同行 [M]．北京：电子工业出版社，2015．

[5] Jeff Sauro，James R Lewis．用户体验度量 [M]．北京：机械工业出版社，2014．

[6] 度本图书．UI 设计观点——全球 50 位顶级 UI 设计师访谈与项目解析 [M]．北京：人民邮电出版社，2016．

[7] [美] 加瑞特．用户体验要素 [M]．北京：机械工业出版社，2011．

[8] Gavin Allanwood（盖文·艾林伍德）Peter Beare（彼得·比尔）．国际经典交互设计教程：用户体验设计 [M]．北京：电子工业出版社，2015．

[9] [美] 金伯利·伊拉姆．网络系统与版式设计 [M]．上海：上海人民美术出版社，2013．

[10] 百度移动用户体验部．体验·度——简单可依赖的用户体验 [M]．北京：清华大学出版社，2014．

[11] [日] 樽本徹也．用户体验与可用性测试 [M]．北京：人民邮电出版社，2015．

[12] 阿里国际 UED．国际用户体验设计：阿里国际站用户体验设计案例精粹 [M]．北京：电子工业出版社，2016．

[13] [美] 伊丽莎白·罗森茨维格．成功的用户体验：打造优秀产品的 UX 策略与行动路线图 [M]．北京：机械工业出版社，2016

[14] 陈旭，黄晓瑜．设计色彩 [M]．北京：电子工业出版社，2014．

[15] [日] 佐佐木刚士．版式设计原理 [M]．北京：中国青年出版社，2007．

[16] itwriter．电脑操作系统：GUI 38 年进化史 [N/OL]．博客园，2010-06-02 [2017-06-29]．https://news.cnblogs.com/n/65528/．

[17] Sekhmet．资讯类 APP 竞品分析报告 [N/OL]．人人都是产品经理，2015-07-01 [2017-06-29]．http://www.woshipm.com/evaluating/168263.html．

[18] 小楼．Axure RP 8 实战手册 网站和 APP 原型制作案例精粹 [N/OL]．Axure 原创教程网，2016-06-08 [2017-08-19]．http://www.iaxure.com/menupage/book.html．

反侵权盗版声明

电子工业出版社依法对本作品享有专有出版权。任何未经权利人书面许可，复制、销售或通过信息网络传播本作品的行为；歪曲、篡改、剽窃本作品的行为，均违反《中华人民共和国著作权法》，其行为人应承担相应的民事责任和行政责任，构成犯罪的，将被依法追究刑事责任。

为了维护市场秩序，保护权利人的合法权益，我社将依法查处和打击侵权盗版的单位和个人。欢迎社会各界人士积极举报侵权盗版行为，本社将奖励举报有功人员，并保证举报人的信息不被泄露。

举报电话：（010）88254396；（010）88258888

传　真：（010）88254397

E-mail：　dbqq@phei.com.cn

通信地址：北京市万寿路173信箱

　　　　　电子工业出版社总编办公室

邮　编：100036